はじめて学ぶ環境倫理
未来のために「しくみ」を問う

吉永明弘 Yoshinaga Akihiro

★――ちくまプリマー新書
391

目次 ＊ Contents

必要なものは、「チリも積もれば山となる」「小さなことでも積み上げると必ず目的は達成される」と信じてひとり黙々と日々努力する精神主義ではなく、問題の構造を理解して、それにもとづき実効性のある対応を現実のものにし社会の仕組みを変えていく政治的意志である。

（井上有一「家庭から社会へ」鬼頭秀一・福永真弓編『環境倫理学』東京大学出版会所収）

はじめに

この本は、環境倫理についての入門書です。突然そんなことを言われても困るかもしれません。そもそも環境倫理とは何なのだ？　と驚いているかもしれません。

他方で、意味ははっきりと分からないけれど環境倫理という言葉は聞いたことがある、という人もいるでしょう。たとえば環境問題に関する本の中に、こんなフレーズを見かけることがあります。「環境問題を解決するには新しい倫理観、すなわち環境倫理が求められている」。しかし多くの場合、そこでは環境倫理の説明が十分にはなされずに終わります。

そこで私は、環境倫理という言葉を初めて聞く人と、聞いたことはあるけれどもよく分からないという人に、環境倫理とは何なのかを説明するためにこの本を書きました。加えて、環境倫理を身近なもの、自分の話として捉えてもらうのが、この本の目的です。

さて、環境倫理という言葉から、みなさんは何をイメージするでしょうか。「環境を大切にしましょう」という呼びかけでしょうか。または倫理という言葉から、電気をこまめに消せ、ゴミを減らせ、食べ物を残すな、階段を使え、といった「お説教」のようなイメージをもつ人もいるかもしれません。

実は、「倫理」は必ずしも上から目線のお説教ではありません。また倫理は「立派な人間になれ」といったような高い目標を設定するものだ、というのも一面的な見方です。

みなさんはふだん「もっと勉強しておくべきだった」とか「時間に遅れるなよ」という言葉遣いをしますよね。そのときの「べき」とか「するな」というのが「倫理」です。「勝手に机の上をいじるなよ」「ごめん」という会話には、倫理の次元が含まれています。ですから毎日みなさんは倫理に関係しながら暮らしているわけです。

また、「環境」というと、地球環境とか熱帯林といったような大規模なものがイメージされるかもしれません。そして「環境問題」は地球温暖化とかオゾン層の破壊とか熱帯林破壊、砂漠化といったような大規模な問題として思い描かれるかもしれません。

しかし「環境」という言葉は「身のまわり」と言い換えることができます。実は環境問題というのは身近にたくさん存在します。そしてそれに対して「べき」とか「するな」という言い方で規範的な価値判断をするのが環境倫理なのです。

このように、「環境」も「倫理」も身近なものです。その一方で、現代の環境問題に取り組むには、「社会」という視点が欠かせません。環境倫理の中心は「社会の倫理」にあって、「個人の倫理」はそれを支えるものといえます。環境問題を解決するには個人の努力だけでは限界があり、社会システムを変える必要があります。環境問題に対応できる社会システムを下支えするのが「環境倫理」であり、その具体的な中身を考えるのが「環境倫理学」という分野です。

こう言うと、急に「遠い話」になった気がするかもしれません。しかし、「遠い話」だと思われることも、「身近な話」によって理解することができます。この本では「遠い話」を「身近な話」に引きつけるよう工夫して説明していきます。具体的には、みなさんが環境問題に関する話について感じる疑問を取り上げ、それらを検討していきます。また、最初は地球全体の話から始まりますが、徐々に身近な環境の問題へと焦点をしぼっていきます。そうすることで環境倫理が「自分の話」になれば、この本の目的は達成されたといえます。

第1章では、環境倫理学の大きな枠組みを紹介し、環境倫理が社会の倫理であることをあらためて示します。

第2章と第3章では、「地球の持続可能性」をめぐる問題を扱います。第2章では、現在生きている私たちが、これから生まれてくる将来世代に配慮しなければいけない理由を探ります。私たちは過去の世代の負債を背負っており、その苦しみをすでに実感しているので、同じような負債を将来世代に押しつけてはいけないと論じます。

第3章では、地球温暖化を中心とする地球環境問題に対して有効な手だてが打てないでいる原因を探ります。ここでは企業や生産者の立場が過剰に配慮され、市民や消費者に過大な負担が課されていることを指摘します。

第4章と第5章では、「自然保護」をめぐる問題を考えていきます。第4章では、種を絶滅から救わなければならない理由を考えていきます。ここでは絶滅のスピードがかつてないほどに速いことと、現在の絶滅の原因が人間活動にあることを指摘して、「六回目の大量絶滅」を止める責任が人間にあると論じます。

第5章では、人間が自然を守るとはどういうことかを考えます。自然を守るといっても「保存」「保全」「再生」の三種類があることや、アメリカと日本の自然観の違いについてもふれていきます。また、近年さかんに行われている自然再生事業に良いものと悪いものがあることを示します。

次に、第6章と第7章では、「都市環境」をめぐる問題を取り上げます。これまで環境倫理学では、都市環境はあまり話題にされてきませんでしたが、世界人口の半分以上が都市に暮らす現代においては、身近な環境とは都市であり、身のまわりの都市環境から始めて、より大きな環境に目を向けていくことが重要だと考えます。

第6章では、都市に住むことは地球の持続可能性に貢献できると主張し、都市の自然の問題が重要なトピックであることを示します。最後に、都市で快適に暮らすために、都市の現状を知り、残していくもの・変えていくものについて議論するツールとして「アメニティマップづくり」というしくみを紹介します。

第7章では、都市に古い建物を残さなければならない理由を探っていきます。古い建物を残すというと年寄りのノスタルジーのように思われますが、そうでない理由をいくつか指摘します。

最後に、第8章では、環境を守るためにできることは何なのかを考えます。その中で、NGO・NPO、ナショナル・トラスト、未来ワークショップの活動を紹介します。最後まで読めば、環境倫理が自分に関係があるものだということが分かると思います。加えて、環境問題に対して自分はどうすればよいのか、ということのヒントが得られるはずです。

第1章　エコな暮らしをすれば環境問題は解決するのか

「地球温暖化」が話題にされていなかった時代があった

みなさんは、「地球温暖化」という言葉を当たり前のように聞いていることでしょう。以前、大学生に「関心のある環境問題」についてレポートを書いてもらったところ、一番多かったのが地球温暖化でした（気候変動問題の方が適切ですが、この本では地球温暖化で通します）。環境問題といえば地球温暖化だ、という認識が多くの人にあるのでしょう。

しかし、このように環境問題といえば地球温暖化がイメージされるという現象は一九八八年から始まったものです。それ以前は、今のように地球温暖化が話題にのぼってはいませんでした（新聞記事を検索すると分かりますが、一九八七年以前は新聞紙上にほとんど登場していません）。これには理由があります。実は「地球は温暖化しており、それは人間活動に由来する温室効果ガス（CO_2など）が原因だ」という話が広まったのは、一九八八年六月二三日のアメリカ上院の公聴会で、ジェームス・ハンセンという科学者がそう証言したことがきっかけなのです。それ以来、地球温暖化問題は、国際会議のテーマになり、一九九二年にはブラジルのリオデジャネイロで「地球サミット」が開かれ、マスコミでも大きく報道されました。「地球にやさしい」「エコな暮らし」「リサイクル」といった言葉が広まったのはこの時期からです。

その当時のことを「環境ブーム」と呼ぶ人もいます。私は当時中学生・高校生でした。それ以前、私が小学生のころは、地球温暖化について話している人は周りに一人もいませんでした。このように言うからといって、地球温暖化は科学者によるでっちあげだ、と言いたいわけではありません。そうではなくて、地球温暖化はある時期に科学研究によって判明した問題だ、ということが言いたいのです。

また、「地球にやさしい」「エコな暮らし」「リサイクル」という言葉が普及していなかったからといって、そのような活動をしていた人がいなかったわけでもありません。質素な暮らしをしていた人や、自然を守る活動をしていた人は昔から存在します。それを昔は「地球にやさしい」「エコな暮らし」「リサイクル」といった言葉で表現していなかっただけです。

地球にやさしくなるためには

これまで、地球環境を守るためにさまざまな政策が立案されてきました。そのなかで、政府や企業が努力するだけでなく、一人一人が地球環境のために努力しなければならないという話が普通になされるようになりました。

一九九〇年代から近年の「エシカル消費」に至るまで、地球環境に配慮した生活が求められ、エコな商品を選ぶことが推奨されていますが、たとえばジュースを飲むときに、缶、ビン、ペットボトル、紙パックのうちのどの容器の商品がエコなのかを判断するのは至難のワザです。ネット検索をしていたら、それぞれの容器の環境負荷を比較している「ロカボラボ」というウェブサイトを見つけました。大変参考になるサイトです。またそのサイトでは、どんな乗り物に乗るのがエコなのかを、飛行機、電車、自家用車、バスの環境負荷を比較して明らかにしています。

しかし、ここで疑問が生じます。私たちはどれくらいこういった比較をし続けなければいけないのか。環境保護に気を遣って生活するのは苦しくないか。そして、自分だけが努力しても無駄ではないか。

たとえばこんな話があります。最近ではマイボトルをもつ習慣が広まり、またエコバッグも普及しつつありますが、以前には、給茶器から紙コップを使わずにマイカップに飲み物を注ぐ、ということが「エコ」だと言われました。確かに給茶器の近くには大量の紙コップが使い捨てられていて、もったいない気がします。それで毎回マイカップを持って来てお茶を注いでいた人がいましたが、ふと次の人を見たら、次の人は備え付けの紙コップを二つ取り、二重にして使っていたという話です（熱いからでしょう）。それではマイカップを使っている人の努力が水の泡です。

しかし、紙コップを二重にして使っている人に向かって「君の行為はエコではない」とお説教するのは面倒ですし、息苦しさを感じます。この問題を解決するにはどうすればよいでしょうか。有力な解答は、「紙コップを備え付けない」ということです。なければ使わない（みんなマイカップを持って来ざるを得ない）からです。しかし次の疑問がわきます。紙コップの節約分なんて些細《ささい》なものではないか、もっと大きなところの無駄を省かないといけないのではないか。

似たような例でいえば、個人住宅で電気を節約するのも大切ですが、もっと大きなところでたくさんの電力が浪費されている可能性があります。浪費をやめるのであれば、それらを止めるよう要求するほうが「エコ」になるでしょう。こういう疑問を持つようになることを、社会とつながった、社会が意識された、と言います。この例では、社会全体の電力の浪費に関心をもつことが実は環境倫理の目指す方向性なのです。

個人の倫理から社会の倫理へ

環境倫理という言葉には、無駄な買い物をやめなさい、商品に対する欲望をおさえなさい、と個人の意識改革を求めるイメージがあるかもしれません。

これに対して、物理学者の槌田敦《つちだあつし》は、「自動車に乗りたい」という欲望は、自動車でないと通勤できないという状況が生み出しているという例を挙げて、欲望には社会性があると主張し、そのような社会的欲望を個人の努力で抑えるのは不可能であると述べています。そして社会的欲望によって引き起こされた問題は社会の倫理によって解決する（毒物に税をかけるなど）しかないと主張します。ここでは個人の倫理と社会の倫理が区別されています。そして環境倫理は禁欲や自己犠牲といった個人倫理よりも、法や経済といった社会制度の改善に目を向けるものなのです。

環境倫理学の三つの基本主張

「環境倫理は個人倫理ではなく社会倫理である」という認識は、日本の倫理学界では正統な認識です。一九九〇年前後にアメリカから日本に「環境倫理学」という学問分野を導入した、哲学者・倫理学者の加藤尚武《かとうひさたけ》は、一九九一年に出した『環境倫理学のすすめ』以来、このことを繰り返し示唆しています。ちなみにこの本の出版によって、日本のなかで環境倫理という言葉が一般化しました。逆に言えば、一九九一年まで、日本に環境倫理という言葉はほとんど流通していなかったのです。

それから加藤はたくさんの本を書き、環境倫理学の議論を広めましたが、そのなかで加藤は環境倫理学を、「個人の心がけの改善」をめざすものではなく、「システム論の領域に属するもので、環境問題を解決するための法律や制度などすべての取り決めの基礎的前提を明らかにする」ものと位置づけました。つまり環境倫理学とは、法律や制度を下支えする環境倫理の中身を探究する学問分野だということになります。

具体的に、加藤は一九九一年の本のなかで環境倫理学の議論のなかにある重要な主張を三つにまとめて紹介しています。

（1）自然の生存権——人間だけでなく、生物の種、生態系、景観などにも生存の権利があるので、勝手にそれを否定してはならない。

（2）世代間倫理——現在世代は、未来世代の生存可能性に対して責任がある。

（3）地球全体主義——地球の生態系は開いた宇宙ではなくて閉じた世界である。

みなさんの中には、これらをご存じの人もいるかもしれません。この三つは、高校の「倫理」の教科書にも載っているからです。現在に至るまで、日本ではこの三つの主張が環境倫理として流通しており、これらは環境倫理の最低限の知識となっています。

自然の生存権

このうち、アメリカの環境倫理学で最も重視されたのは、「自然の生存権」に関する問題でした。この文言を聞いて、次のような疑問がわいた人もいるでしょう。「自然に権利なんてあるのか？」と。人間は権利を主張したり、行使したり、譲渡したりできます。人間以外の生きものはそれができません。ましてや生態系（海とか河とか）に権利があるというのは奇妙な感じがします。

しかし、アメリカでは「**自然の権利訴訟**」といって、生きものや生態系を原告として、彼らの権利を守るよう訴えた例があります。実際には代理人として自然保護団体などが裁判を起こしたわけです。日本でも「アマミノクロウサギ訴訟」などの例があります。ただし、自然に権利があるという考え方は法理論的には成り立たないという批判も根強くあり、「自然の権利訴訟」は自然保護のための一種の戦略と捉えられているといえます。むしろ自然の生存権は、「自然保護を法的に義務づけなければならない」という主張として、柔らかく受け取るべきでしょう。

自然の権利に関連して、アメリカでは「自然の価値」をめぐる議論が続けられてきました。これは、「自然にはどんな価値があるのだろうか」という問いであるとともに、「自然を守る理由は何か」という問いでもあります。

その中で自然には「**道具的価値**」があるという見解が出されました。これは、「自然には人間にとって役立つ価値がある。だから人間の利益のために守るのだ」という論理で、通常「**人間中心主義**」と呼ばれています。

他方で、自然には「**内在的価値**」があるという見解も出されました。これは「自然には人間の都合に関係なく、そのままで価値がある。だから、人間の利益にならなくても守るべきなのだ」というものです。こちらは「**人間非中心主義**」と呼ばれています。そしてこの二つは「自然をどう捉えるか、なぜ守るのか」についての対立する立場となりました。

このような「道具的価値」と「内在的価値」、「人間中心主義」と「人間非中心主義」の対立のポイントは、「自然を守るのは人間のためなのか、それとも自然自体のためなのか」にあります。人間のためならば、人間の利益にならない自然は守る必要がなくなります。自然自体のためならば、人間の利益を犠牲にしても、自然を守らなければいけなくなります。みなさんはどう考えるでしょうか。この点は第4章と第5章で取り上げていきます。

世代間倫理

加藤が示した第二の論点である「世代間倫理」は、「持続可能な開発」(sustainable development)という考え方を支えるものです。最近よく見かける言葉の一つに、SDGs(持続可能な開発目標)がありますが、このSとDがsustainable developmentです(Gはgoal、目標です)。SDGsとは、二〇一五年に国連で採択された「二〇三〇年までに持続可能な世界を目指す」という目標のことです。

「持続可能」の意味内容を理解するには、歴史をひもとく必要があります。「持続可能な開発」という言葉は、一九八七年の「ブルントラント委員会」の報告書のなかで用いられて、世界中に広まりました。そこでは「持続可能な開発」は「将来世代のニーズを満たす可能性を損なうことなく現在の世代のニーズを満たすこと」だと説明されています。

ここでの「将来世代」とは、まだ生まれていない人たち、これから生まれてくるだろう人たちのことを指します。「現在の世代」というのは、老若男女を問わず、今生きている人たちを指します。簡単に言えば、将来生まれてくる人たちも、現在生きている人たちも、両方尊重するということです。

このようにまとめると、誰でも賛成できる主張のように思われます。そんなことは当たり前だ、と感じた人も多いでしょう。実際、誰でも当たり前のこととして賛成できる理念だからこそ、世界中に広がったのです。では、現実はどうでしょうか。実際には私たち現在世代は、野山を開発し、資源を浪費し、ゴミを大量に捨てています。このような大量生産・大量流通・大量消費・大量廃棄という社会システムは、将来の人たちを尊重しているでしょうか。たとえばウナギが絶滅したら将来の人たちはウナギを食べられなくなります。このまま何もしないでいることは、現在世代の意思決定のツケが将来世代に回されるのを黙認しているのと同じです。

どうしてそうなってしまうのでしょうか。その一つの原因は、将来の人たちが原理的に現在の意思決定に参加できないという点にあります。難しい言い方をしていますが、当たり前の話でもあります。いない人の意見は聞かれることはなく、配慮も尊重もされない、というのが、現在の意思決定のしくみです。

今、多くのことが「多数決」で決まっていますよね。多数決は国会や株主総会から小学校の学級会にまで通用する「決め方」です。そこには当然ながら、将来世代の人たちはいません。だから現在世代に有利なことばかりが決定されるのです。世代間倫理は、このような現在の意思決定の場面に将来世代のニーズを組み込むことを提案しています。しかし、多数決をとるときに、いない人の票をカウントするのは無理でしょう。

では具体的にはどのようなやり方が可能なのでしょうか。実は近年、「**フューチャー・デザイン**」という研究が進められており、そこでは「将来省」と「将来学部」の設立というアイデアが出されています。国にはさまざまな省庁がありますが、それらは現在世代のニーズのために仕事をしがちです。そこで、将来世代のニーズのためだけに仕事をする役所を作るという構想です。大学には「将来学部」をつくり、「将来省」で働く人たちを養成します。これらによって、現在の意思決定システムのなかに、将来世代のニーズを組み込むことを狙っているのです。これは「政治のしくみに将来世代への配慮を組み込む」ためのアイデアだといえます。

繰り返しますが、世代間倫理の主張はきわめて常識的なものに映ります。しかし、それはひ孫や玄孫《やしゃご》といった近い将来世代を念頭においた場合の話です。たとえば「西暦三〇〇〇年の人類と石油を共有しよう」と主張したら、どう思われるでしょうか。「そんな遠い世代が石油を必要としているかどうかわからないじゃないか」という反論が来るように思います。

ではそのくらい遠い世代は無視しても構わないのでしょうか。実は、西暦三〇〇〇年どころか、それ以上の長い期間にまで影響が及ぶことを、現在私たちは行ってしまっているのです。それが何か、想像できるでしょうか。この点については、第2章で取り上げます。

地球全体主義

加藤が示した第三の論点は「地球全体主義」です。最初の本（一九九一年刊）では「全体主義」という言葉が使われていましたが、後の本（二〇〇五年刊）では「地球の有限性」と言い換えられています。「地球の生態系は開いた宇宙ではなくて閉じた世界である」という説明を読むと、「地球の有限性」のほうがふさわしい気がします。

ではなぜ加藤は「全体主義」という言葉を使ったのでしょうか。それは、現代の社会倫理の根幹には「個人主義」と「自由主義」があるという認識からです。個人主義・自由主義の倫理は「他人に危害を加えない限り、個人は自分のことを自分で決めてよい」というものです。ちなみに自分のことを自分で決める権利を「**自己決定権**」といいます。しかし加藤によれば、このような個人主義・自由主義は、無限の空間を前提としてこそ成り立つものであり、空間が有限だと成り立たないといいます。

「**宇宙船地球号**」というモデルがあります。人間は、宇宙船の乗組員のように、閉ざされた有限な空間のなかで暮らしているのだ、ということを気づかせるためのモデルです。しかし、近年では災害時の状況を考えたほうが、分かりやすいでしょう。普段は食べ物も水も電気も供給され、トイレも問題なく使えますが、災害時には食べ物や水、電気の有限性が自覚されますよね。また断水時にはトイレのありがたさが分かります。そのときは食べ物や水、電気、トイレに対する自由が制限されます。同じように、地球上の資源や空間も有限なものであるという事実は、「無限の空間の中で自由に資源を消費し、廃棄する」という意味での自由は制限せざるをえない、という帰結をもたらします。

これでお分かりかと思いますが、「地球全体主義」というのは、地球の有限性がすべての価値判断の制約条件になるという意味です。これは現代の個人主義・自由主義と真っ向から対立する考えです。そこでは個人も国家も制約を受けます。加藤自身は、個人に制約をかけるのは息苦しいので、国家単位で制約をかけることを提案しています。

たとえば、国ごとに排出してよい温室効果ガスの量を決めるというやり方があります。一九九七年につくられた「**京都議定書**」のしくみはまさにこれです。日本は温室効果ガスの排出量を一九九〇年レベルから六パーセント削減することを求められました。このあたりについては、第3章で詳しく説明します。ここでは「地球全体主義」のポイントが、人間は地球上で無限に消費・廃棄を続けることはできないので、「地球の有限性という観点から経済活動の自由を制約する必要がある」という点にあることを押さえてもらえればと思います。

社会倫理としての環境倫理

ここまで加藤尚武の「環境倫理学の三つの主張」について説明してきました。次の章から、より細かい論点について見ていきますが、大枠として次のことが理解されたかと思います。（1）自然の生存権は「自然保護を**法律**で義務づけなければならない」という主張であり、（2）世代間倫理は「**政治**のしくみに将来世代への配慮を組み込まなくてはいけない」という主張であり、（3）地球全体主義は、「地球の有限性という観点から**経済**活動の自由を制約する必要がある」という主張であると。

これらは、環境倫理が社会倫理であることをあらためて示しています。つまり環境倫理は個々人の心がけを改善することを求めるものではなく、法律、政治、経済といった社会のシステムの改革を求め、新たなシステムを下支えするものなのです。環境問題を解決するためには、このような社会倫理としての環境倫理が必要となるのです。

コラム１　**科学技術の進むべき方向**

環境倫理というと、「原始に帰れ」という主張がイメージされるかもしれません。確かにそのような主張をする人もいます。科学技術のもたらした負の側面が環境問題であり、科学技術に頼らずに自然に寄り添った暮らしをすることが必要だ、という主張です。

しかしその一方で、今の環境問題を解決するには科学技術の力が必要不可欠だ、と考える人も大勢います。環境問題は科学技術の力によって判明したものが多いからです。たとえばオゾン層がフロンガスによって破壊されているという事実は、科学技術なしには判明しなかったでしょう。その見方からすると、科学技術を否定するのではなく、それを適切な方向に導いていくことが大切だということになります。

では、科学技術をどういう方向へと導いていけばよいのでしょうか。河宮信郎《かわみやのぶお》『必然の選択』という本には、そのヒントになる考えがいくつか書かれています。

その一つが、「能率」と「効率」の区別です。「能率」は「時間当たりの仕事量」を意味します。それに対して「効率」は「資源当たりの仕事量」を指します。能率がよいというのは、一定時間内にたくさんの仕事をこなした、ということです。そして効率がよいというのは、わずかな資源でたくさんの仕事ができた、ということを指します。

この二つの違いはとても重要です。そして、この二つはときに反比例の関係にあります。みなさんは「回覧板」というものをご存じでしょうか。最近はあまり見ませんが、町内会などで、各家庭に回し読みされるものです。これだと町内の人全員が読み終わるまでに時間がかかります。したがって能率は非常に悪いといえます。しかし、一つの情報を一枚の紙に書いて回し読みするわけですから、全員のポストにコピーを投函《とうかん》するよりも、紙資源が節約できます。したがってとても効率がよいやり方です。

ここから分かるのは、効率を追求すると能率が悪くなる、ということです。逆に、時間の節約を目指すと資源をたくさん使うことになりがちです。能率を追求すると効率が悪くなるわけです。

すべてがそうとは限りませんが、これまでの科学技術は、効率を犠牲にして能率を追求する傾向がありました。たとえば新幹線は、遠隔地への移動時間を格段に短縮しましたが、そのために多大なエネルギーを使っています。このようなスピードの追求、能率の追求は、悪いことではありませんが、そのためにエネルギーの消費が増えるのでは問題があります。

最近では、省エネ家電のように、少ない電力でたくさんの仕事をする家電製品が増えてきました。ここでは効率をよくするための技術開発が行われたわけです。

すべての技術開発を悪者にするのはおかしな話ですが、エネルギー浪費型でスピードを追求する方向に進むのであれば、その傾向は環境倫理の観点からは批判の対象になるでしょう。逆に、技術開発によって資源消費が少なくて済むようになるのであれば、環境倫理の観点からは推奨されるべき流れといえます。

第2章　まだ生まれていない人たちの幸せを考える必要があるのか

「将来世代に配慮する」とはどういうことか

環境問題を解決するには「持続可能な社会」を構築することが必要だといわれています。持続可能性（サステナビリティ）とは「将来世代のニーズを満たす可能性を損なうことなく現在の世代のニーズを満たす」という考え方です。これは、環境倫理学の基本主張の一つである「世代間倫理」に関わります。

第1章でふれたように、世代間倫理とは、現在世代にはまだ生まれていない将来の世代に配慮すべき責任がある、という主張です。この主張には常識的に見える面と、非常識だと思われる面があります。これらを順に見ていきましょう。

将来世代に配慮する、ということは実は身近に行われています。たとえば、学校の部活動には停滞する時期がありますよね。特に文化部はそうです。ある大学の文芸部では、活動が停滞し部員に元気がないときに、過去の先輩たちが貯めてきた資金（部費）を使って旅行に行こうという案が出されました。そのときに、一人の部員が、「そのお金は新入部員が入らずに部費が足りなくなったときのために貯めてあるのであって、多少元気がないからといって自分たちの代で使うのはおかしい」と主張し、旅行は取りやめになりました。

この場合、将来の部員はまだ存在していないわけですが、それにもかかわらず、現在の部員の利益よりも将来の部員の利益が優先されたことになります。そしてこの主張は「将来部員が入るかどうかわからないのだから、いない人のことを考える必要はなく、自分たちの代でお金を使ってよく、その結果あとで部がつぶれたとしても仕方ない」という主張よりも受け入れやすいと思われます。

将来世代に配慮しないとどうなるのか

次に、「将来世代に配慮しないとどうなるのか」という点を考えてみましょう。ここでは、過去の世代が決定したことによって現在の私たちがどのような影響を受けているか、を検討してみます。

私たちはすでに国レベルでの「将来世代に配慮しない政策」のツケを払わされている世代といえます。たとえば、戦後に行われた「拡大造林」という政策があります。戦後復興のために木材として役に立つスギなどの木を大量に植えてきましたが、植える土地がなくなり、ついにはブナなどの木材にならない木（ブナは「橅」、つまり「木でない」という漢字が充《あ》てられることがあります）を切り倒して、そのあとにスギなどを植えたのです。

そこまでしてスギなどを植えたにもかかわらず、自由貿易の結果、輸入木材が増加して国内の林業が衰退し、杉林の管理が十分にできない状態が続いています。その結果、私たちは花粉症に苦しむことになりました。そう考えると「拡大造林」という政策は、メリットはあまりなく、花粉症というデメリットだけが私たちに残されたと言っていいでしょう。

それに対して私たちは、拡大造林政策の責任者を呼んで苦情を言うことができません。なぜなら拡大造林を立案した人々はすでに亡くなっているからです。これが世代間の不均衡です。今生きている人たちの間では責任の追及ができますが、亡くなってしまった人には文句も言えません。当時からみると将来世代にあたる私たちは、泣き寝入りするしかありません。このことを考えると、私たちはまだ生まれていない将来の世代にツケを回すような決定をすべきではないということが実感できると思います。

世代間倫理は常識的なのか

これまでの例を見る限り、世代間倫理はきわめて常識的な考え方で、異論の余地はないように見えます。世代間倫理の考えを組みこんでいるＳＤＧｓや「持続可能な開発」について、総論としては反対する人があまりいないのも納得できます。

ただし、環境倫理学での世代間倫理の議論では、将来世代として、たとえば西暦三〇〇〇年の人類をも射程に入れます。そのとき、「西暦三〇〇〇年の時代の人々にも配慮すべきだ」と言われて、「そんなの常識だよ」とすぐに応じられるでしょうか。「そんな先のことは分からないよ」と言って一蹴したり、「その頃の人類の価値観は、今の私たちの価値観とは違うのではないか」と反論したりするでしょう。そう考えると、まだ生まれていない世代にも配慮すべき、という主張が、急に非常識なものに思えてくることでしょう。

では、そのくらいのスパンになると世代間倫理は成り立たない、ということになるのでしょうか。「私たちが配慮すべきなのは自分たちに近い世代だけでよい」という考えを押し通すことはできるでしょうか。

たとえば、「子どもや孫のために石油を残すべき」という主張は、異論のない、常識的なもののように思います。このときに子どもや孫がすでに存在していたら、彼らは現在世代ですから、世代間倫理の問題にはなりません。世代間倫理は「まだ存在していない人々に対する配慮」という点がミソだからです。そこで、まだ存在していない「ひ孫・玄孫《やしゃご》」の代（一二〇年～一五〇年後くらい）を「近い将来世代」として想像することにしましょう。「ひ孫・玄孫にも石油を残すべき」というのはまだ納得できる話のように思えます。

それに対して、「西暦三〇〇〇年の人類のために石油を残す」というのは抽象的で、イメージがわかないように思われます。その頃の世代のために私たちの石油使用に制限が課されるとなったら、なぜそんな遠い未来の人々のために不便を強いられるのか、と不満を言いたくなるでしょう。そもそもその頃の世代にとって石油が必要かどうかも分かりません。

このように、あまりにもスパンが長い場合、世代間倫理は急に非常識な話に見えてきます。では、私たちは子や孫の代（現在世代）や、ひ孫・玄孫の代（近い将来世代）には配慮すべきだが、遠い将来世代は無視してよい、ということになるのでしょうか。

資源問題よりもゴミ問題が重要

いま、石油を例に挙げましたが、それは世代間倫理を説明するときに資源の問題がよく使われるからです。「今の世代が石油を全部使ったら、後の世代が使えなくなる。だから省エネしよう」という話で、非常に分かりやすい例のように思えます。しかし実際には、石油の燃焼の結果としての地球温暖化が登場してしまい、その結果、資源枯渇を気にする以前に廃棄物（CO_2など）の削減のほうが重要課題になっています。

また先にもふれたように、石油を残せという要求に対しては、後の世代にとって石油が必要かどうかは分からないという不可知論や、資源が枯渇してもその時代の人たちが何とかするだろうという楽観論が存在します。歴史をさかのぼると、過去の人類も、木炭から石炭、石炭から石油というように、その都度資源を開発してきたので、不可知論や楽観論が出てくるのも分かります。

それに対して、ある程度確実に分かることで、しかも楽観できないのが、廃棄物（ゴミ）の問題です。今の経済システムは処理できない廃棄物をどんどん生み出しており、その影響は将来世代にまで及びます。世代間倫理が必要な例は、廃棄物問題だといえます。そこで次からしばらく廃棄物について考えてみることにします。

ゴミ生成の不等式

加藤尚武《かとうひさたけ》は、『環境倫理学のすすめ』のなかで「ゴミ生成の不等式」と呼べるものを提出しています。「ゴミは、使用期間をすぎたのに耐用期間を保っている物質である」。つまり、一日使うだけなのに、放っておくと何年も形が残る、というものがゴミなのです。これを不等式で表すと次頁のイラストのようになるでしょう。

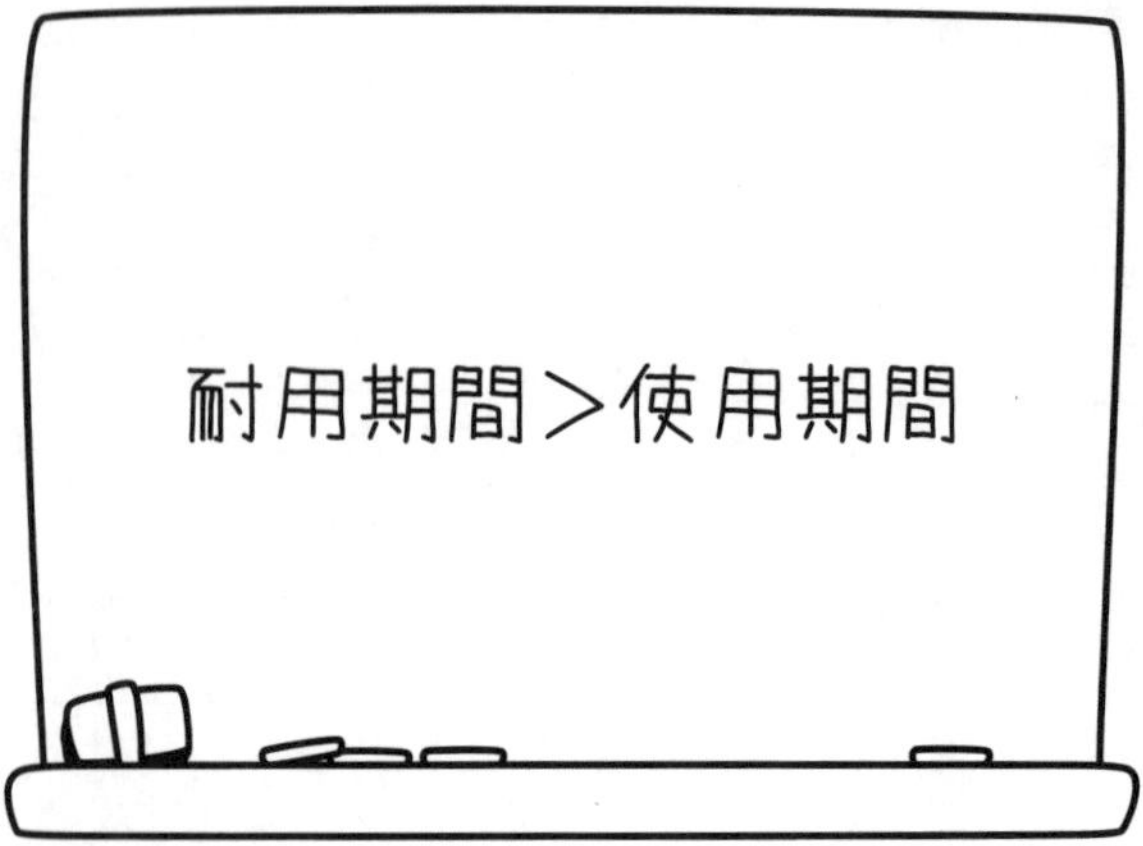

今、プラスチックごみによる海洋汚染が話題になっています。ウミガメがビニル袋を飲み込んで窒息死したという話を聞いたことがあるかと思います。プラスチックごみの問題点は、耐用期間が長すぎることにあります。コンビニエンスストアから公園まで一五分、商品を運ぶためにレジ袋を使い、その袋を公園脇の草むらに捨てたら、長期間そこに残り続けます。プラスチックが海に流れ込んだら、しばらく漂い続けます。そもそもプラスチックの利点は容易に自然分解されないという点にありましたが、ここではそれが仇《あだ》となっています。

逆に言えば、「使用期間が過ぎるとすぐに消滅すればゴミが出ない」ということになります。

これはつまり、使用期間＝耐用期間、ということで、自然分解するものはゴミにならないということです。ミカンは、食べられなくなるとき（使用期間が終了）と、腐って土に返るとき（耐用期間が終了）がほぼ同じです。この場合はゴミが発生しません。ここから分かるのは、自然分解されるもので暮らせばゴミは出ない、ということです。

技術者なら、自然分解されるプラスチックを開発してやろう、と意気ごむかもしれません。環境倫理学では、この問題をどうやって乗り越えようとするのでしょうか。もちろん、極端に生活の幅を狭めるような「自然分解するものだけで暮らすべきだ」と主張することはありません。では、どのように考えるのでしょうか。

長く使える製品をつくるべき

加藤は著書のなかで、もう一つ別のゴミ戦略を描いています。それは、使用期間が永遠のものを作ればよい、という提案です。そんなものは存在するのでしょうか。

加藤によれば、それは「芸術品」だといいます。南禅寺の扇面屏風《せんめんびょうぶ》を捨てる人はいない、という例を出していますが、確かに芸術品は決してゴミになりません。文化財もそうでしょう。高松塚古墳の壁画は、使用期間が「永遠」なのに、耐用期間のほうが先に尽きようとしていたため、必死の修復作業が行われました。すべての製品を芸術品に、というのは不可能ですが、少なくともモノをつくる人は、使い捨て商品ではなく長持ちする製品をつくるべきだ、という「製造者の倫理」がここから導かれます。

より長持ちする製品をつくるべき、という観点からすると、近年住宅メーカーが推している「百年住宅」という工法が評価されるべきでしょう。千葉県職員で産廃Gメンとして有名な石渡正佳《いしわたまさよし》は、『スクラップエコノミー』という本のなかでこう述べています。

「実は、戸建て住宅の重さは、ちょうど一生分のゴミの量と同じ三〇〜五〇トンである。**住宅を一度でも解体したことがある人は、一生分のゴミを一度に出したことになるのだ**」。つまり、毎日ゴミの削減に努力しても、一回建て替えをしたらその努力が帳消しになるということです。

第1章でふれた、個人の倫理よりも社会の倫理を、という話を思い出してください。そこでは、大口の無駄を省かなければならない、社会のシステムを改善しなければならない、と述べました。住宅をスクラップにすることは大口の廃棄物を生み出すので、ここを改善することは大きな成果につながります。

しかし、個々人に「建て替えを控えよう」と呼びかけても限度があります。そもそも現在の日本の住宅は二五年くらいしかもたないつくりになっているわけですから。改善が必要なのは買う側ではなく、売る側、作る側です。その点から、住宅の寿命が二五年から一〇〇年に延びる「百年住宅」の工法は高く評価されるべきで、これが普及すればたいへんな量のゴミの削減につながることでしょう。

放射性廃棄物は最悪のゴミだ

さらにハードルを下げて、少なくとも「製品を作る段階で最終処分の方法を決定しておくこと」が求められます。言い換えれば、使用が終わっても処分もできずに延々と残り続けるようなものは作ってはいけない、ということになります。

使用が終わっても処分もできずに延々と残り続けるようなものの代表は、原発から出る放射性廃棄物（核廃棄物）です。二〇一一年の福島第一原発爆発事故以来、原発の危険性は広く知られるようになりましたが、二〇二一年現在も国内（西日本）で原発が稼働しており、そこからは放射性廃棄物が生み出されています。

これまでにも原発の稼働によって大量の放射性廃棄物が生み出されてきましたが、その処理方法はなく、それらは国内に大量に蓄積されています。原発は「トイレのないマンション」だとよく言われますが、それは、原発から出るゴミを処理する方法がないのに、どんどんゴミを出し続けている、という意味です。

原発から出る放射性廃棄物からは一〇万年間は放射能（放射線を出す能力）が消えない、と言われます。そのため一〇万年間の管理が必要になります。これは世代間倫理の観点からすると大変なことです。現在私たちが使っている電力の一部を賄うために、そのゴミを一〇万年にわたって将来世代に残すことになるのですから。

ここに来て、西暦三〇〇〇年の人類に対する配慮、という話が急に現実味を帯びてきました。西暦三〇〇〇年というのは、今から約一〇〇〇年後です。しかし、放射性廃棄物の影響はその一〇〇倍にあたる、一〇万年後の未来にまで及ぶ話なのです。そこからすると、西暦三〇〇〇年というのは「たかだか一〇〇〇年後」の話にすぎません。しかしそれは平安時代から令和の時代までの期間なのです。一〇万年後というのがいかに途方もない期間かが分かるでしょう。

つまり、西暦三〇〇〇年とか一〇万年後の人類といった「遠い将来世代」への配慮を求める世代間倫理は、単なる理論上の問題とは言えないのです。では、現実に放射性廃棄物を一〇万年間管理するためにはどのような工夫が必要になるのでしょうか。それを知るには、『一〇〇〇〇〇年後の安全』というドキュメンタリー映画を見るのが一番です。ここではそのポイントを紹介します。

映画『一〇〇〇〇〇年後の安全』の内容

フィンランドでは今、**オンカロ**という施設がつくられています。それは、原発から出た放射性廃棄物を一〇万年間、埋蔵しておくための地下施設です。オンカロがつくられている場所は、一八億年前にできた安定した地層です。放射性廃棄物は、現在は地上に保管されていますが、これは間に合わせのもので、「中間貯蔵」と呼ばれます。それに対して、地下に一〇万年間保管することを「最終処分」と呼びます。実はこれまで、最終処分がなされたことはありません。世界中の放射性廃棄物は地上に保管されています。

オンカロは世界初の最終処分場で、地下都市並みの広さがあります。そこには最大九〇〇〇トンの使用済み核燃料を保管できます。九〇〇〇トンの使用済み核燃料の保管が終わったら、オンカロは閉鎖され、埋め戻されて、地上からは見えなくなるようにします。そしてそれ以降は人間の立ち入りを禁止します。これは人間社会から放射性廃棄物を隔離する施設といってよいでしょう。一〇万年後に放射線が出なくなり無害化するまで人が近づかなければ「安全」ということになります。

しかし、この計画には不安な点があります。それは、将来、オンカロに放射性廃棄物が埋められているという情報が忘れられ、未来の人間によって掘り起こされる可能性があることです。そうさせないためには、「この地を掘り起こしてはいけない」ということを一〇万年後の人類にまで伝える必要があります。とはいえ、現代と一〇万年後の人類とでは文化が異なり、言葉も異なることでしょう。そのくらい先の未来まで、情報を伝えるにはどうしたらよいのでしょうか。

この映画の中では、壁に文字を書いておく、図入りの標識をつくるなどの手段が講じられているとされていますが、未来の人類はその文字を解読できなかったり、その内容

が理解できなかったりするかもしれません。

さらに、理解できたとしても無視して掘り起こす可能性があります。なぜなら人間には好奇心があるからです。たとえばピラミッドについて私たちは十分にその意味を理解せずに発掘調査を行っています。また、古代のルーン石碑には「不届き者は触れてはならぬ」と書いてあるのに、考古学者は無視して触れているという例もあります。このように、将来の人類が放射性廃棄物にさらされるかどうかは、将来の人類自身にかかっているのです。

では、将来の人類がオンカロを掘り起こして放射線に被曝《ひばく》したら、それは自己責任だということになるのでしょうか。それはおかしな話ですよね。根本的には、一〇万年待たないと無害化されない廃棄物をたくさん出して埋めた私たちに責任があります。そのような悪質な廃棄物を生み出している原発を稼働させている私たちの決定が根本原因です。将来の世代は一方的な被害者といえるでしょう。この例を考えれば、私たちにははるか遠い将来の世代に対する責任もあるということが分かると思います。

将来の人たちの幸せを考えた意思決定をすべき

日本に原発を導入することが国会で承認されたとき（それは一九五四年のことです）、私はまだ生まれていませんでした。私は原発導入に関して同意も反対もしていません。原発は生まれたときからすでにあり、動いていました。過去の世代が行った決定は、このような仕方で現在の私たちに大きな影響を与えています。その一つの結果が福島第一原発事故です。

しかし今後は、停止している原発を稼働していくかどうかを決める機会が私たちにあります。将来の人たちの運命は私たちの決定に左右されます。そして、将来の人たちはさかのぼって私たちに文句を言うことができません。だからこそ、私たちは将来の人たちの幸せを考えて一つ一つの意思決定をしなければならないのです。

コラム2　**映画でわかる公害の構図**

みなさんは「公害」と聞いて何をイメージしますか。おそらく多くの人は、水俣《みなまた》病、新潟水俣病、イタイイタイ病、四日市ぜんそくという「**四大公害病**」を思い描くのではないでしょうか。これらは教科書で学んだ歴史的な出来事としてインプットされていることでしょう。

地球環境問題が登場した一九九〇年代には、「公害の時代から地球環境問題の時代へ」といった言説が多く見られました。しかしこのような認識は誤りです。あまりニュースで取り上げられないだけで、四大公害病も、その他の公害問題も、決して過去のものではありません。二一世紀に入ってから、建築現場で「**アスベスト**」を吸い込んだことにより、作業員が癌《がん》や中皮腫を発症しているというニュースがありました。また原発作業員が放射性物質によって健康を害しているということが以前から指摘されていますが、これらはまぎれもない「公害」です。

公害はなぜ発生するのでしょうか。そしてどうすれば公害の発生を阻止できるのでしょうか。これらについては日本でも海外でもたくさんの研究がなされており、参考文献も山ほどあります。ここでは公害問題を理解するための入り口として、一本の映画を紹介します。

それは二〇〇〇年に公開された『**エリン・ブロコビッチ**』という映画です。この映画は実話をもとにしており、エリン・ブロコビッチは実在の人物です（映画にも端役で登場しています）。企業が有害な**六価クロム**を含んだ水を流しながらそれを近隣住民に隠しており、住民たちは原因不明の病気にかかっていた。そこにエリンが現れて企業の犯罪を明らかにし、高額の和解金を勝ち取る、という話です。

この映画はいわゆる教育映画ではなく、普通のエンターテインメント映画であり、一人の貧しい女性が奮闘して大企業を屈服させるというハリウッド的な筋立てに魅力があります。そのなかでエリン・ブロコビッチは一種の英雄的人物（かなり個性的ですが）として描かれているわけで、授業でこの映画を学生に見てもらうと、「自分もこういう人になりたい」という感想がときどき寄せられます。

主人公に感情移入するのはよいのですが、ではエリン・ブロコビッチのように皆がなれるかというと、それはなかなか難しいでしょう。主人公にむやみに憧れるよりも、むしろこの映画に表れている、公害問題の基本パターンというべきものに注目してほしいと思います。企業はなぜ汚水を流すのか、なぜそれを隠すのか、疑惑をもたれないようにどういう手を使うか、疑惑をもたれたらどう対応するか、などなど。この映画に出てくる企業のふるまいは日本の公害問題でも見られたものです。この点が理解されたなら、さまざまな公害問題について嘘《うそ》や偏見に惑わされずに評価を下すことができるはずです。

第3章　地球温暖化はなぜ止められないのか

地球環境問題は分配の問題

一九九〇年代に環境倫理学を日本に紹介した本のなかで、加藤尚武《かとうひさたけ》は、地球環境問題は資源・エネルギー・廃棄物排出量などの「分配」の問題だ、と述べています。これは、環境倫理学の三つの基本主張のなかの「地球全体主義」の問題領域です。その内容は、地球の有限性がすべての価値判断の制約条件になるというものです。

昔は人間活動が微々たるものでしたから、地球には無限に使える資源と空間があると考えてもよかったわけですが、人口が急増し、人間活動の影響が格段に大きくなった現在、地球の資源や空間を好きなだけ自由に利用することは難しくなりました。資源は有限であり、誰かが使いすぎたら、その分誰かが使えなくなるからです。

そうした制約条件があるなかで、限られた資源をどう分配するかが問題になります。

この章では地球温暖化問題を主に取り上げますが、その前にまずは、倫理学で「分配」の公平性が大きなテーマになってきたということから、話を始めたいと思います。

分配の公平性をめぐって

倫理学の大きなテーマは「正義」(justice)です。ニュースなどで「アメリカの正義vsアラブの正義」という言い方がされることもありますが、倫理学では、正義という言葉をこのような意味で用いることはほとんどありません。むしろこれらは「大義」(cause)と呼ぶべきものでしょう。

では正義とは何なのでしょうか。倫理学でいう正義は、「公平性」に関わるものです。裁判官が公平な判決を下すことや、公務員が市民を差別しないことが、正義にかなったこととされるのです。倫理学では特に「分配の正義」に焦点を当てています。ここでは分配をめぐる公平性が問題になります。

また環境倫理学には「**環境正義**」という言葉がありますが、それは環境に関する人々の公平性を問うものであり、もっと言えば環境に関する不公平や差別の是正を目指すことを指します。アメリカでは産業廃棄物の処分場がマイノリティの居住地に集中的につくられていることが環境不正義にあたるとして批判されています。日本であれば、原子力発電所が新潟、福島、福井に集中している状態は環境正義に反しているといえます。

このような意味で正義が使われるのであれば、正義という言葉で通していきたいのですが、一般には正義はもっと広い意味で使われていますので、以下では「公平性」という言葉を使います。

さて、倫理学の研究対象である「分配」の公平性は、ごく身近な問題でもあります。たとえば学期末の評定をつけるときには、評定が分配されていると考えられます。通常、評定は試験の点数や提出物などを見てつけます。その結果、「5」に値する人には「5」をつけ、「2」に値する人は「2」をつけるわけです。AさんもBさんも同程度の成績なのに、Aさんには「5」、Bさんには「2」をつけると、明らかに不公平になりますよね。加えて、全員平等に「5」をつけよう、というのも公平性に反します。このように分配の公平性はみなさんの身近なところに存在します。

評定の分配は基準が明確なのでよいのですが、場合によっては、どのように分配すれば公平になるのか分からない場合もあります。大学の授業では次のような例を挙げて学生に考えてもらっています。みなさんも一緒に考えてみてください。

クッキーをどう分配すれば公平か

旅行から帰って来て、学生のたまり場となっている部屋に向かいます。そこでお土産だと言って一〇個入りのクッキーの箱を出しました。しかし、その場に集まっていた学生は一五人でした。このままだと五人の学生に行きわたらなくなります。どうすれば公平に分配できるでしょうか。クッキーがほしい人に手を挙げてもらって、その人に配ればいいじゃないか、と思われるかもしれません。しかし仮に全員が手を挙げたらどうすべきでしょうか。どういう人に優先的に配るのが正しいのか、いろいろな答えが考えられますね。思いつくままに挙げてみましょう。

①試験の成績のよい順に配っていく。

これは一種の能力主義です。分配する側からすれば単純明快な方法ですが、そもそも試験はその授業の理解度を図るためのものであって、それがクッキーの分配にまで影響してては、学生としてはたまらないでしょう。たとえば学校の成績のいい順にワクチン接種を受けられるとしたらどうですか。学校の成績でワクチンの順番が決まるなんておかしい、という声がきっと上がることでしょう。

②お腹がすいている人に優先的に配る。

誰がお腹がすいているか、は自己申告でしか分からないので、不確かな部分が残りますが、方向性としては正しいように思います。お昼を食べていないとか、朝食を抜いてきた、と言った人は、クッキーを必要としている人、と考えられますので、その人に優先的に配るというのは正しい配り方でしょう。手術の順番を決める場合は、すぐに手術しないと命が危ないという人を優先するのが正しい決め方ですが、それと同じことです。

③オークションを開催する。

これだと、クッキーが欲しい人に、あげるのではなくて買わせることになります。本当に欲しいかどうかが、いくらお金を出すかで分かるので、自己申告よりも必要性が分かりやすく表明されます。高額の提示をした人から順に配っていくわけです。「お土産を配る」という例だとおかしな感じがしますし、金持ち優先になってしまうので良くないと思うのですが、資源問題を経済学的に考えようとする人たちは、意外にこの路線で考えていることが多いのです。

④どう配っても不公平になるから、学生にあげるのをやめて持ち帰って自分で食べる。

確かにこれだと公平・不公平の問題は避けられますが、学生にとっては一度クッキーを見せられたのに誰ももらえないというのは空しい話でしょう。しかしこれは現実に存在する選択肢なのです。

東日本大震災のときにこんなニュースがありました。避難所に毛布が送られてきましたが、その数が避難者の数よりも少なかったため、行政が「不公平」を恐れて誰にも毛布を配らなかったというのです。これでは誰も幸せになれず、せっかくの資源を無駄にしてしまったとしか言えないでしょう。

これら以外にも、昔からある分配形式に「くじ引き」があります。これはじゃんけんでもよく、運に任せるやり方です。このように、分配の公平さの基準はいろいろあるということが分かったかと思います。

無限の資源を前提とした答え

さて、この話には続きがあります。よりよい分配基準はないかと学生に質問したところ、意外な答えを出した人がいました。それは、

⑤先生がもう一度旅行をして、お土産をもう一箱（一〇個）買ってくる。

というものです。これはすごい答えですね。クッキーが一〇個だから全員に配れないのであって、二〇個なら全員に行きわたるわけです。そのためにもう一度旅行するのは大変なので、とんでもない答えだとそのときは思いました。しかしよく考えると、私たちの社会はこれまで分配における公平性の問題をこの方法で回避してきたことに気づきま

した。

全員に資源を配れないならば追加で外から調達してくればいい。国内になければ海外に行って取ってくればいい。農地が足りないならば開墾すればいい。それでも足りないなら他国の土地を征服すればいい。埋め立て地がいっぱいになったら、他の海岸を埋め立てればいい。先進国で捨てられなくなったら途上国に持って行って捨てればいい。こうやって、資源の分配、土地の分配、廃棄物排出量の分配をどうすれば公平にできるかという問題を回避してきたのです。

しかしこれは、資源や土地が無限にあるということを前提としています。地球の有限性を考えるならば、このようなやり方はもう通用しないはずです。

CO_2排出量の削減方法

さて、分配の公平性について長々と説明してきましたが、ここから本題に入って、地球温暖化を引き起こす温室効果ガスの排出量の分配の話をしていきます（温室効果ガスは何種類かありますが、以下ではCO_2で代表させます）。

すべての国がこれまでのようにCO_2をどんどん排出してしまうと、温暖化はどんどん加速することになります。そこで、気候変動枠組条約に基づいて一九九七年につくられた「京都議定書」は、CO_2の排出削減量を国別に割り当てるというやり方で、全体のCO_2排出を抑制することを目指しました。

具体的には、二〇〇八年から二〇一二年の間に、日本は一九九〇年の排出レベルから六パーセント、アメリカは七パーセント、EUは八パーセント削減するというふうに、CO_2の排出削減目標が割り当てられたのです。これはCO_2排出量を国家間で分配したことに他なりません。

終わってみると、アメリカは途中で離脱しましたが、EUは目標を達成し（一二・二パーセント削減）、日本も達成しました（八・四パーセント削減）。数字だけ見ると、京都議定書は予定通りの成果をあげたように思えますが、その後の会議では、先進国の側から京都議定書の枠組みを延長することに反対する意見が多く見られました。

というのも、京都議定書には大きな欠陥があったからです。中国やインドといった、現在では世界有数のCO_2排出量を誇る国が削減義務を負わされていなかったのです。

一九九七年時点では、中国もインドも今ほど経済的に発展しておらず、CO_2排出量も多くありませんでした。当時のスローガンは「**共通だが差異ある責任**」といって、地球温暖化はすべての国に責任があるが、その責任の度合いは異なっている、端的には先進国に大きな責任があり、途上国の責任は小さい、というものでした。

確かに、現在の地球温暖化をもたらした責任の多くは、当時の先進国にあります。しかし、その後の中国やインドのCO_2排出量は、これらの国々を途上国として削減義務を免除することがためらわれるくらい膨大なものです。つまり京都議定書は二一世紀のCO_2排出の実態に合わなくなっているのです。

そこで紆余曲折《うよきょくせつ》の末に二〇一五年に誕生したのが「**パリ協定**」です。その特徴は二つあります。一つは中国とインドが加わっていること。それからアメリカが参加していること（トランプ政権時に離脱したがバイデン政権で復帰）。この影響は大きいですよね。

もう一つは削減目標を自己申告制にしたこと。各国に特定の削減目標を割り当てるのではなく、その国自身が、自国ができる削減割合を自分で設定するというやり方を採用しました。ただしそれだと宣言しただけで実際には実行しない恐れがありますので、定期的に削減実績を報告することを義務づけました。

このように、国際的な監視のもとで、各国が自国にできる削減を行っていくことになりました。まとめると、パリ協定は、削減目標を自己申告させ、その達成度を監視することによって、CO_2排出の総量規制を目指す協定なのです。これは分配の公平性の問題をうまい形で処理した事例といえるでしょう。

産業界に甘く、消費者に負担を強いる政策

しかし、このパリ協定のもとでCO_2の削減がうまくいくかどうかは分かりません。それは、現在の政治と経済のしくみが、企業側、生産者側に甘いしくみになっているからです。

ここで一本のドキュメンタリー映画を紹介します。オーストリアのヴェルナー・ブーテ（ボーテ）監督がグリーンウォッシング（後述）の専門家カトリン・ハートマンとともに世界中を飛び回り、環境問題を取材して制作した『グリーン・ライ：エコの嘘《うそ》』という映画です。

この映画のテーマは「グリーンウォッシング」（うわべだけ環境保護に熱心なようにみせること）です。たとえばチョコレートなどをつくるのに必要なパーム油を生産するために、東南アジアで熱帯林を焼き払ってアブラヤシだけを大量に植えている（単一作物栽培、モノカルチャーといいます）ことはよく知られています。それは熱帯林破壊として三〇年以上前から指摘されていました。

そんな中、二〇〇四年に「持続可能なパーム油のための円卓会議」（ＲＳＰＯ）による認証制度が始まり、「持続可能なパーム油」としてお墨付きを与える制度ができました。それに対して、この映画は、熱帯林を破壊することによって作られている以上、「持続可能なパーム油」というものはあり得ない、と批判しています。

私たちは認証制度を信用してエコな商品を買っているつもりになっていますが、実際には環境破壊に加担している場合が多いのです。つまりエコ商品を買っても環境に良いことをしているとはいえないケースがあるのです。

ひるがえって、CO_2の削減について考えてみましょう。私たちはCO_2排出の少ない製品を買うよう促されています。エコカー、エコハウスなど、いろいろありますよね。

しかしそれが本当にエコな製品なのかどうかは、一度疑ってみる必要があります。ある製品が本当にエコなのかを調べるために、LCA（ライフサイクルアセスメント）という考え方を知っておくとよいでしょう。たとえばCO_2に関してなら、資源の採取から、生産段階、消費段階、廃棄・リサイクル段階で排出されるCO_2の総量を調べて比較するわけです。第1章で紹介した「ロカボラボ」というウェブサイトでは、LCAの考え方に基づいてガソリン車と電気自動車のCO_2排出量を比較しています。

このように、一応は消費者の側で、本当にエコな商品はどれなのかを調べて選ぶことができます。しかし、ここで立ち止まって考えてみてください。なぜ消費者がそんな面倒なことをしなければいけないのでしょうか。環境にやさしい製品をつくるのは当たり前のことであって、そうしない企業はむしろ懲罰の対象にすべきではないでしょうか。『グリーン・ライ』のなかで、テキサス大学教授のラージ・パテルは、環境破壊を行っている企業を法律で取り締まることが必要だと話しています。近年では環境教育などによって、環境にやさしい消費をするよう促されていますが、環境を守るには「消費のしかた」ではなく「生産のしかた」を改めるべきなのです。つまり消費者の責任ではなく、企業の責任が大きいのです。問題解決を消費者のエコな選択にゆだねるのは間違っています。それは消費者に環境問題の責任を過剰に分配することです。

同様に、CO_2排出の削減が進まないのを、市民の意識が低いことに求めるのは間違っています。地球温暖化問題を解決するには、「生産のしかた」を改める必要があります。市民や消費者に問題点があるとしたら、厳しい法規制を政府に求めない点や、企業や生産者が環境破壊を行っていることを非難しない点にあるといえるでしょう。

解決のための社会的アクションを抑制する傾向

科学技術社会論の研究者である平川秀幸は、環境や食品安全などの社会問題について「自分たちに何ができるか」を大学生のレポート課題としたところ、「一人一人の心がけが大切です」という類《たぐい》の答えが多かった、と報告しています。ここからは、日本では社会問題に対して個人倫理で対応しようとする姿勢が強い、ということが分かります。

しかし、私たちが省エネをしたりゴミ拾いをしたりしても、たかが知れています。重要なのは大口の無駄を減らすことなのです。大口の無駄を減らすためには、コツコツ個人で努力するだけではなく、社会的なアクションを起こすことが必要になります。

平川は、学生のレポートに「一人一人の心がけが大切です」という類の答えが多くなるのには、日本社会のある種の風潮に原因があると指摘します。

アメリカのクリントン政権時代に副大統領を務めたアル・ゴアを知っていますか。彼は環境問題をライフワークにしており、その活動や講演は映画にもなっています。映画『不都合な真実』は日本では二〇〇七年に上映されました。それを見た平川は、『不都合な真実』の日本語版広報に「不自然な省略」があることに気づきます。

平川によれば、映画の英語版広報のバナーには、"Political will is a renewable resource"（政治的意志は再生可能な資源である）という文言があったのですが、日本語版からは消されていたというのです。また、英語版の TAKE ACTION（行動しよう）の中にあった Help bring about change LOCALLY, NATIONALLY AND INTERNATIONALLY（地域で、国レベルで、そして国際的に変化を起こすのを手伝いましょう）という項目も、日本語版では省略されているとのことです。

平川はこれらについて、次のように分析しています。「要するに日本での『不都合な真実』の広報サイトからは、社会的アクションにつながるメッセージがごっそり省略され、個人単位の行動しか見えてこないのだ」。そして「まるで、社会的あるいは政治的なアクションを起こすことは、この社会ではタブーであるかのよう」だと評します。学生のレポートはそのような社会の反映なのでしょう。

それに対して平川は、「一人一人主義では世の中は少しも変わらない」と断言します。さらに「一人一人主義は無力感を深めもするし、自己満足に終わる可能性もある」と述べて、他の人とつながることや、社会的アクションを起こすことを求めています。

具体的な社会的アクションを起こすための方法については、第8章であらためて説明しますが、これ以降の章で取り上げる問題についても、どのようにすれば個人ではなく社会の問題として捉え、変えていけるかをぜひ考えてみてください。

コラム3　**成功した環境条約**

本文で、地球温暖化対策のための「京都議定書」には欠陥があったという話を読んで、がっかりした人もいるでしょう。あるいは、「予想通り。そんなにうまくいかないよ」と思った人もいるでしょう。そして「パリ協定」についても、懐疑的・悲観的な気分になった人もいるかもしれません。

そもそも環境条約には効き目があるのでしょうか。環境条約によって環境問題が改善された例があるのでしょうか。実はあるのです。ここで紹介する「**モントリオール議定書**」は、**オゾン層破壊**という一九八〇年代から一九九〇年代にかけて大きな話題を集めた問題を、ほぼ解決したと言っていいくらいの効果を発揮したのです。

一九八〇年代に南極で発見された「**オゾンホール**」は、地球環境に対する人間活動の影響の大きさを象徴するものでした。太陽からの紫外線の中には有害なもの（UV-B）があり、人間や他の生きものがそれを浴びると皮膚がんになります。

オゾン層がUV－Bを吸収することで、私たちはこれまで守られてきました。そのオゾン層が、人間が発明した化学物質CFC（クロロフルオロカーボン、通称「**フロンガス**」）によって分解され、まるでオゾン層に穴があいたような状態になってしまったのです。この状況が進めば、オゾンによって吸収されてきた有害な紫外線がそのまま地上に降り注ぐことになります。

実は、CFCがオゾン（O_3）を分解するメカニズムは、一九七四年に科学者たちによってすでに解明されていました。やがてオゾン層の破壊を懸念する声が高まり、CFC反対運動が起こりました。そして科学者と環境運動が国際政治を動かし、一九八五年に「オゾン層の保護のためのウィーン条約」が、続いて一九八七年に「オゾン層を破壊する物質に関するモントリオール議定書」がつくられました。この「モントリオール議定書」によって、オゾン層を破壊する物質の全廃への道筋がつけられました。その後、議定書の改正のたびにCFCなどの化学物質に対する規制がどんどん強化されていきました。

産業界はこの規制に応じてCFCなどの削減を実現しました。さらに、**代替フロ**

ンとして使用されたＨＦＣ（ハイドロフルオロカーボン）には高い温室効果があるため、現在はＨＦＣについても削減が進められています。このように、今後も化学物質の削減を進めていくことによって、オゾン層は二〇五〇年までに回復することが見込まれるとのことです。今では「モントリオール議定書」は、「史上最も成功した国際環境条約」と評されています。

私は一九九〇年ごろにマスコミでオゾン層の破壊が大きく取り上げられていたことを覚えていますが、最近はあまり話題になりません。地球温暖化問題が同じように話題にならなくなる日がくるかどうかは、現在の私たちの選択にかかっています。

第4章　生物種の絶滅を防がなければならない理由は何か

トキを絶滅から守るのは何のためか

数十年前から、生物種を絶滅から守ることが自然保護運動や自然保護政策の大きな目的になっています。有名な例では、トキを絶滅から守る取り組みがあります。トキは江戸時代までは日本各地で見られ、学名を「ニッポニア・ニッポン」といい、日本を代表する鳥と見なされていました。

しかしその羽毛を採取するために乱獲がなされ、一九八一年には野生のトキはわずか五羽しかいなくなっていました。その五羽を捕獲し、人工的環境のなかでトキの保護活動が進められてきましたが、二〇〇三年に最後の一羽が死んでしまいました。

その少し前の一九九八年に、中国から導入したつがいのトキを保護しながら繁殖させ、二〇〇八年からは毎年放鳥が行われるようになりました。その結果、日本の空をトキが舞う風景をよみがえらせることができたわけですが、その間にトキの保護に関わった人々にはたいへんな苦労があったようです。

トキの復活は感動的な物語としてドキュメンタリー番組にもなりました。その一方で、そこまでしてなぜ生物種を守らなければならないのか、種の絶滅は自然界で普通に起こることではないか、それは自然の摂理ではないか、という疑問もわきます。

実際のところ、生物種の絶滅を防がなければならない理由は何なのでしょうか。この章では、生物種を絶滅から守るべき理由について考えていきます。まずは近年、自然保護の分野で「自然」ではなく「生物多様性」という言葉を使うようになっている、という話から始めたいと思います。

「生物多様性」という言葉の登場

近年、自然保護の分野では「自然」に代わる言葉として「生物多様性」という言葉が急速に広まっています。国レベルでは「生物多様性基本法」と「生物多様性国家戦略」が制定され、いくつかの自治体では「生物多様性地域戦略」がつくられています。これらの大本は、一九九二年の「地球サミット」で採択された「**生物多様性条約**」に日本が参加していることにあります。

生物多様性条約は、気候変動枠組条約と並ぶ、世界で最も重要な国際環境条約です。生きものを守る条約には、他にも「**ラムサール条約**」「**ワシントン条約**」「**世界遺産条約**」などがありますが、これらは湿地・水辺を保護する、絶滅危惧種の国際取引を規制する、貴重な自然地域を世界自然遺産に指定するといった、特定の自然を守る条約です。それに対し、生物多様性条約は自然をより包括的に守る点に特徴があります。

しかし「生物多様性」とはいったい何なのでしょうか。よくある説明では、**遺伝子の多様性、種の多様性、生態系の多様性を含むもの**、とされますが、これだけではよく分かりません。しかし、生物多様性を「守る」という言い方をするので、自然保護のための言葉だということは想像できますよね。そうすると、一般的には「自然保護」という言葉のほうがよほど分かりやすいのに、なぜ「生物多様性を守る」とわざわざ言い換えるようになったのでしょうか。なぜ「自然保護」ではいけなかったのでしょうか。

なぜ「自然」ではまずいのか

ここで「自然」という言葉について突っ込んで考えてみましょう。たとえば、「そのくらいの傷は自然に治るよ」とか「自然な表情をとらえた」といいますよね。そのときの「自然」と、「自然保護」を訴える人が守ろうとしている「自然」は違うものを指しているように感じるでしょう。

実は、日本語のもともとの「自然」は、名詞ではなく副詞・形容動詞として使われてきました。「自然に治るよ」とか「自然な表情」という用い方のほうが、歴史が古いのです。一方、自然保護の「自然」は、名詞としての「自然」です。それは、明治時代に nature にあてた翻訳語だと言われています。つまり nature を「自然」と訳すことにしたときに、今用いられている名詞としての「自然」が誕生したのです。

この副詞・形容動詞としての「自然」と、名詞としての「自然」の二種類があるために、「自然を守る」といった場合に混乱が生じます。自然を守るとはどういうことか。自然は自然に任せるしかないのではないか。生きものの数が増えるのも減るのも自然の流れではないか。これは最初に掲げた「自然にいなくなる種もいるなかで、なぜ特定の種の絶滅をわざわざ食い止める必要があるのか」という疑問に通じます。絶滅だって自然現象なのだから、仕方ないではないか。この疑問についてはこの後検討することにします。

ここで名詞としての「自然」に関して、日本自然保護協会の職員から面白い話を聞きました。日本には「自然」を表す言葉として「花鳥風月」というものがあります。しかし、日本自然保護協会は「花」や「鳥」は守っても、「風」や「月」を守ってはいないというのです。考えてみればその通りで「自然を守る」というと守備範囲が広すぎることになります。自然保護を唱える人は、野生動物や絶滅危惧種といった、より特定のものを守ることを主張しているのであって、何でもかんでも守ろうとしているわけではありません。

なぜ biodiversity という言葉を使うのか

実は、名詞としての「自然」のもとになった nature にも、似たような「多義性」があります。手持ちの辞書の nature の項目を見ると、①自然、自然界（人間・精神・人工などと対立したものとしてとらえられている）、物質界、自然界の要素、万物、②全宇宙（世界）、創造主、造物主、自然の女神、宇宙に働く力（の総体）、自然の摂理、③自然さ、迫真性、真実味、④本質、本性、天性、性質、特質、性向、性癖、気質……といった意味が載っています。

テストで英訳の問題が出たときに、nature を、人間・精神・人工などと対立したものとしての「自然」という意味で訳すか、物の「本質」・人の「性質」という意味で訳すかは、解答の正否に関わる重要な違いですよね。ここでは本質や性質のほうは脇において、「人間・精神・人工などと対立したものとしての自然」のほうに注目したいと思います。このような「自然」は多くのものを含むことが分かるでしょう。

たとえば、イギリスの有名な科学雑誌に Nature があります。これは自然科学全般を扱う雑誌で、天文学や量子論についての論文も掲載されています。ところが、nature conservation という場合には、通常、星や微粒子を人の手から守れ、という主張は含まれません。つまり、英語の nature の守備範囲も広すぎるのです。nature conservation

を唱える人は、特定の野生生物や絶滅危惧種といった限定された対象を守ることを主張しているのに、そのときにnatureと言ってしまうと、「新型コロナウイルスだってnatureですが守るんですか」という話になってしまいます。

そこで海外では野生生物の減少や生物種の絶滅を防ぐべきという主張をする場合には、natureに代わる言葉としてbiodiversityという言葉を用いるようになりました。守るべき対象は「生きもの」に関わるものであり、かつそれが多種多様であること、がポイントになります。このbiodiversityという言葉の日本語訳が「生物多様性」なのです。

biodiversityと「生物多様性」の違い

海外の研究ではbiodiversityという言葉が普通に使われています。この言葉は英語として定着したと言ってよいでしょう。生物学者の岸由二《ゆうじ》によれば、英語圏の人々はbとvとdの入った言葉が大好きで、それもあってbiodiversityという言葉は普及したのだ、といいます。これは面白い見解だと思います。

それに対して、日本語の「生物多様性」はいかにも学術用語ふうで堅苦しく、このままではこの言葉は普及しないとして、岸は「生きものの賑《にぎ》わい」という言葉を用いることを提案しています。

確かに「生きものの賑わい」のほうが、イメージがつかめそうです。周りに多種多様な生きものがたくさんいることが「生きものの賑わい」の姿といえるでしょう。岸はまた、生きものの種類が多様なだけでなく、生きもののすみかが多様であることを重視します。種の多様性だけでなく、「すみ場所」の多様性が大切で、いろいろな場所に、いろいろな生きものが住んでいることが「生きものの賑わい」のポイントなのです。岸は、「流域」に焦点を合わせて、大地の凸凹にあわせて多種多様な生きものとともに暮らしていく、というビジョンを発信し続けています。

diversity はなぜ大事なのか

ところで、ここまでの話では、diversity があったほうがよい、賑わいがあったほうがよい、ということが前提とされてきました。そのため、多様性や賑わいはなぜ必要なのか、という疑問をもった人もいるかもしれません。この点については環境倫理学や生態学のなかからいくつかの説明がなされています。

そのうちの有名なものは、それぞれの種を飛行機のリベット（留め金具）になぞらえる説明です。生態系を飛行機に見立てれば、それぞれの種は全体を支える留め金具なのであり、種が絶滅することは一つの留め金具が外れることで、全体の健全性を損なう（下手をすれば飛行機がバラバラになる）というものです。また、何らかの病気が蔓延《まんえん》したときに、いろいろな遺伝子をもった生きものがいれば、全部が病気にかからなくて済む可能性が高まる、という説明があります。これも生態系全体の健全さに価値を置いた説明です。

このように、個体、種、遺伝子のすべてのレベルで多様性が確保されているほうが、全体の生態系システムが維持される、というのが、生物多様性を重視する人たちの標準的な説明となっています（「賑わい」という言葉には、それに加えて地域社会の豊かさの要素が含まれているといえます）。

六回目の大量絶滅

以上から、種の絶滅を防ぐべきだという主張の最終的な根拠は、全体としての生態系の健全さを維持するため、ということになるかと思います。

しかし、どのような生態系が健全なのかに関しては意見が分かれています。どういう状態が健全なのか、あるいはどの時代の生態系が理想形なのか、に関しては明確な答えは出ないと思われます。というのも近年の生態学の研究から、生態系はダイナミックに変化するものだということが分かってきているからです。

そのことに関連して、最初にふれたような疑問が発せられることになります。長い期間をとれば種の絶滅は自然にたくさん起こっていることであり、それをあえて止めなければならないのはなぜなのか、という疑問です。

種の絶滅は、自然にたくさん起こっている。このことは生物多様性の保全に関わっている人たちも承知しています。問題は、①これまでにないスピードで大量の種が絶滅していること、そして、②それが人間活動のせいだということ、この二点にあります。

一つ目の、絶滅のスピードが速いという点について見ていきましょう。過去を振り返れば、恐竜の絶滅期のように、種が大量に絶滅した時期が五回ありました。現在はそれらに匹敵する六回目の大量絶滅が起こっていると言われています。つまり今問題となっている絶滅は、長い目で見て自然に生じている絶滅ではなく、急速に大量に起こっている絶滅なのです。

そして二つ目ですが、現在の大量絶滅と過去の五回の大量絶滅には違いがあり、現在の大量絶滅は人間の経済活動（森林伐採など）によって引き起こされたものです。

一般に、自然界で起こることには人間の責任はないと考えられています。責任というのは、自由な選択ができる主体に属するものです。たとえばこの本の内容については、私に責任が生じています。私は自分の判断で過去の学説を引用し、自由に意見を書いているからです。間違ったことや人を傷つけることを書いたら、非難の対象になります。

しかし、台風が直撃して家が壊れた場合には、台風に責任を問うことはできません。台風は自然現象であって、台風が家を壊すか壊さないかについての自由な選択の結果、家を壊したわけではないからです。

つまり、自然に起こった過去の大量絶滅については、人間に責任はないけれども、今回の大量絶滅は人間活動が原因であるため、人間に責任が生じているのです。

同じことは地球温暖化問題にも言えます。地球の気候が変化したことは過去にいくらでもあります。それらに対して人間に責任はありません。この場合も、ポイントは気候が変化していることにあるのではなく、①過去に例がないほどの極端な気候の変化が見られ、②過去に例がないほどのCO_2が蓄積していて、それが原因だと思われ、③しかもそのCO_2の増加は人間活動のせいだ、という三つの点がそろって初めて、人間の責任が問われてくるのです。

生物種の絶滅を防ぐのは将来世代のためでもある

以上の話から、生物種の絶滅を防ぐべき理由は生態系の健全さを維持すべきだからであり、しかも現在の生物種の絶滅はスピードが速く人間活動が原因となっているので、生物種の絶滅を防ぐ責任が人間にある、ということが理解されたかと思います。

これらの説明は、第1章でふれた「人間非中心主義」のなかの「**生態系中心主義**」という立場に立ったものです。つまり、人間のためというよりは、生態系のために生態系を守ろう、そのために種の絶滅を防ごう、という主張です。

それとは別に、生物種の絶滅は人間にとっても残念なことだろう、という考え方もあります。これを「**人間中心主義**」（自然ではなく人間本位にものを考える立場）として嫌う人もいますが、私は重要な論点だと思っています。

二〇一四年にＩＵＣＮ（国際自然保護連合）はウナギを絶滅危惧種に指定しました。ウナギは今も普通に売られているので意外だと感じる人も多いでしょう。しかしこのままの状態で生産と消費が続けば、近い将来、食卓にウナギがのぼらなくなる恐れがあります。

これは第2章で取り上げた世代間倫理の話に関わってきます。このままウナギが絶滅したならば、世代間に大きな不公平が生じることになります。つまり、現在の我々は「ウナギって美味しいね」と言ってたくさん食べることができていますが、将来の世代はその楽しみを享受することができないことになります。そして将来の世代は、時間をさかのぼって過去の世代（つまり私たち）に文句を言うことができないのです。

さらに二〇二〇年にはマツタケが絶滅危惧種に指定されました。ウナギやマツタケのように食文化に関わるものについては、次のような論点もあります。商店街を調べていて、「江戸時代にはここにはウナギ屋があった」ということを知ったとき、私たちは過去とのつながりを感じることができます。ウナギ屋がどういうものかを私たちは知っていますし、ウナギ屋が江戸時代から存在することも知っているからです。マツタケを食べたことがある人はもちろん、仮にマツタケを食べたことがなくても、マツタケが何かはご存じでしょう。ドラマやマンガなどで「高級食材の代名詞」として使われるからです。しかし将来の人々はウナギもウナギ屋の風景も、マツタケが喚起する高級なイメージも、実感できなくなっているかもしれません。種の絶滅は文化や歴史の断絶にもつながるのです。

動物倫理との対立

ここまで、生物種の絶滅を防がなければならない理由として、人間非中心主義のなかの「生態系中心主義」による理由と、「人間中心主義」的な理由を挙げてきました。これらの立場から、生物の「種」を守る責任が人間（現在世代）にある、ということが議論されてきました。

それに対して、人間非中心主義にはもう一つ、「**生命中心主義**」という立場がありま す。この立場の人々は生物の「種」ではなく「個々の命」を守ることを主張します。「生きとし生けるものすべての命を尊重する」という立場から、「感覚を有する動物の福祉や権利を尊重する」という立場までありますが、特に後者は、近年「**動物倫理**」として関心を集めています。

動物倫理の立場から先のウナギの例を見るならば、生物種の絶滅を防ぐ以前に、ウナギを「食べる」行為自体がウナギへの加害行為だとして批判されることでしょう。この例では、理由や程度は違えど、解決へ向けての方向性は同じもの（ウナギの販売を抑制する／禁止する）になります。他方で、動物倫理は環境倫理と対立することも多いのです。ここでは動物倫理が「生物種の絶滅を防ぐ」運動や政策と対立するという点にしぼって見ていきます。

二〇二一年七月に、「奄美《あまみ》大島《おおしま》、徳之島《とくの》、沖縄島北部及び西表島《いりおもてじま》」が世界自然遺産に登録されました。奄美大島には、アマミノクロウサギという絶滅危惧種がいます。アマミノクロウサギという種と、それが住む生態系を守ることは、世界遺産登録により必須の義務となりました。

過去をさかのぼると、アマミノクロウサギは何度も絶滅の危機にさらされてきたことが分かります。一九九五年、奄美大島にゴルフ場開発の計画が持ちあがったときには、アマミノクロウサギやたくさんの野生生物の生息地が失われることが懸念されました。そこで地元の人たちが、アマミノクロウサギ他四種を共同原告にして裁判を起こしました。これを「自然の権利訴訟」といいます。裁判は敗訴しましたが、裁判の途中で開発計画がなくなり、アマミノクロウサギは救われました。

次の脅威となったのが、マングースでした。ハブを駆除するために一九七九年に放たれた三〇匹のマングースが大繁殖し、二〇〇〇年には一万匹にまで増えたと言われています。そのマングースがアマミノクロウサギを捕食するとともに、農作物にも被害を与えることを理由に、防除事業が進み、現在は五〇匹以下にまで減ったとされています。

そして現在の一番の脅威とされているのが、ノネコ（飼い猫でも野良猫でもない、野生

化した猫）による捕食です。あまり知られていませんが、ノネコとノイヌは何でも食べてしまうため、それまでいなかった地域に持ち込まれると最悪の外来種になってしまいます。そのノネコが奄美大島で繁殖してしまったのです。

世界遺産登録を目指して、生態系と生物多様性の保全を目指す人たちは、アマミノクロウサギの絶滅を食い止めるべく、ノネコの大量捕獲に乗り出しました。それに対して、動物愛護団体から捕獲に反対する運動が起こり、二〇一八年には反対署名が五万筆に達しました。

近年、飼い猫や飼い犬を殺処分することは、非難の対象になっています。ドキュメンタリー映画『犬と猫と人間と』を見ると、殺処分の現状にやりきれない思いがします。同じイヌとネコなのに、飼い犬・飼い猫の場合は殺処分が非難され、ノイヌとノネコの場合は殺処分が是認されるのは、おかしな気もします。「外来種」になったとたんに殺処分が認められてしまうことに対しては、違和感を覚える人も多いでしょう。

外来種対策について

ところで、「外来種」とは何でしょうか。国産／外国産の区別になぞらえて、「外国の生きもの」をイメージするかもしれませんが、それは誤りです。国境とは無関係に、それまでその土地にいなかった種がそこに登場したとき、その種は外来種と呼ばれます。「島」を考えれば分かりやすいかと思いますが、その島にいなかった種が島にやってきたとき、その種は外来種になります。

外来種問題の多くは、それまでその地域にいなかった生きものを人間が持ち込んでしまうことに原因があります。したがって外来種に関しては、人による持ち込みを規制することと、人の移動の過程を管理することが必要になります。

先ほどのマングースを思い出してください。一九七九年まで奄美大島にはマングースはいませんでしたが、ハブを駆除するために人間が意図的に三〇匹を島に放ったのでした。その結果、アマミノクロウサギが捕食され、生態系が攪乱《かくらん》され、農作物も食べられたのです。これは外来種による被害の有名な例であり、理由が何であれ、その地域にいなかった種を意図的に導入することに関しては、今では厳しい取り締まりがなされています。

外来種の意図的な持ち込みを取り締まることはもちろん、意図的でない持ち込みを予防する必要もあります。たとえば小笠原《おがさわら》諸島では、島に上陸する前に靴底を洗浄することが求められています。それは、靴の底に草のタネがついていて、そのタネが外来種となって島の生態系を攪乱することを防ぐためです。旅行者にとっては面倒なことかもしれませんが、外来種が上陸してから対応するよりも、こうした予防策のほうがはるかに効果的です。

環境倫理は基本的に、全体としての生態系を重視する立場に立ちます。しかしそのことは、外来種はどんどん駆除せよ、という割り切った態度に出ることを正当化するものではありません。全体としての生態系保全と、個々の生きものの命を天秤《てんびん》にかけるような事態に至らせたことが問題なのです。そのような決断を迫るような事態を招いたのは、人間の行いです。つまり、結局は人間に責任があることなので、その程度の行動規制はやむを得ないことではないでしょうか。

増えすぎた生きものをめぐって

外来種以外にも、「増えすぎた生きもの」が生態系に与える影響が懸念されています。日本では増えすぎたシカが山林の樹皮を食べ過ぎてしまうことが問題視され、ジビエ料理として積極的に鹿肉を食べようという案も出されています。

海外に目を向けると、たとえばオーストラリアでは、カンガルーやコアラに関して同様の問題が起こっています。古い話ですが、二〇〇八年には、首都キャンベラ近郊で増えすぎたカンガルーが絶滅危惧種を危険にさらしているという理由で、約四〇〇頭を駆除するという国防省の計画が明るみになり、それに対して動物愛護団体が抗議運動を起こしましたが、駆除は実施されました。

また二〇一五年には、ビクトリア州政府が、コアラが増えすぎて餌のユーカリが不足し、多くが飢えや病気に苦しんでいるという理由で、二年間に約七〇〇頭を極秘に安楽死させていたことが明らかになりました。コアラについては全国的には数が少なくなり手厚く保護される事態になっているので、矛盾しているようにも思われます。

このように「外来種や増えすぎた生きものの命をどう考えるか」は、動物倫理と環境倫理が激しく対立する問題です。動物倫理の観点からすれば、外来種や増えすぎた生きものを駆除するというのは、人間の都合による生きものの大量殺戮《さつりく》に他なりません。生態系中心主義的な環境倫理の立場からは、外来種や増えすぎた生きものを放置していたら絶滅する種が出てくるし生物多様性も損なわれるので、駆除を含む何らかの対策が必要になります。

みなさんはこの対立についてどのように考えるでしょうか。私の考えは次のコラムで述べています。それを読む前に、一度自分の考えをまとめてみてください。

コラム4

環境倫理と動物倫理の協働の道

環境倫理と動物倫理は、全体としての環境を重視するか、個々の生きものの命や苦しみを重視するかという点に違いがありますが、それだけでなく、「自然・野生」や「食」、「農業・畜産業」に対する考え方もだいぶ違います。

しかし、こうした相違点を強調することにはためらいがあります。もともとはどちらも「人間非中心主義」として、倫理の領域を人間以外の生きものや生態系に拡張しよう、という考え方から始まったからです。

本文でもふれたように、環境倫理と動物倫理の結論が一致することも多いように思います。たとえば「**肉食を減らすべき**」という主張は、動物倫理の観点からは「当然だ」と見なされますが、環境倫理の観点からも認められます。

動物倫理には、動物の苦痛を最小限にすることを求める立場から、人間による動物の利用を全廃すべきとする立場まであります。どの立場でも、「工場畜産」と呼ばれる現在の肉食産業に対して、動物の福祉や権利を著しく損ねているとして批判しています。

他方で環境倫理は、「工場畜産」の背景にある食肉の大量生産を問題視します。最近は家畜の飼料としてトウモロコシが用いられることが多いですが、そうした飼料作物を家畜に与えるよりも、人間が直接食べたほうが資源効率がよいのです。

また世界には、一方では肉の食べ過ぎで肥満に苦しむ人がいて、他方では飢餓に苦しんでいる人がいます。環境倫理は、肉食に潜む食料分配の不公平も問題にします。

このように、観点や理由は違えど、「肉食を減らすべき」という提案については一致できるわけです。

コロナ禍で影がうすくなってしまいましたが、近年、国際社会で大きな話題を集めていた環境問題は「海洋プラスチック汚染」でした。二〇一六年の世界経済フォーラム（ダボス会議）での「二〇五〇年までに海洋中に存在するプラスチックの量は、重量ベースで魚の量を超える」という衝撃的な報告も手伝って、急速に対策を行うべきという合意が国際社会で形成されました。レジ袋やプラスチックのストローが廃止されつつあることは、みなさんもご存じでしょう。

この問題について、環境倫理の観点からは、海の生態系を守るためにプラスチック規制が必要だ、という主張がなされます。

他方、プラスチック規制は動物倫理の観点からも賛成できることでしょう。というのも、ウミガメがビニル袋をクラゲと間違えて飲み込んで窒息死したとか、アホウドリの胃の中からペットボトルのふたや注射器が見つかったといった報告がたくさんあるからです。これらは動物の福祉にとって最悪の状態で、想像するだけでも嫌になります。

環境倫理学では、「〇〇主義」対「〇〇主義」という対立図式を好むことが多かったのですが、最近では、対立よりも、「問題解決に向けた協働」に目が向けられ始めています。

第5章　つくられた自然は偽物か

欅の木が切られた話

この章では、前章に続いて「自然」の問題を扱います。前章で、自然保護の領域で「自然」ではなく「生物多様性」という言葉が使われるようになった理由を説明しました。ただし、「生きものとその住み場所」という意味で用いていることさえ分かれば、「自然」という言葉を使うほうが分かりやすい場合が多いでしょう。

そこで本章では、ふたたび「自然」という言葉を用います。特に、「人間と自然とのかかわり」に焦点を当て、人間の**アメニティ**の場としての自然をどう維持していくのか、を話題にしていきます。

アメニティとは「快適な生活環境」を意味する言葉で、環境倫理を考える上でも重要な言葉です。私は大学で長らくアメニティ論の授業を担当してきました。その授業のあとで、一人の学生からこんなメールをもらいました。

「小学生の頃、学校のシンボルだった大きな欅《けやき》の木が切られて新しい校舎が立つという計画が持ち上がったとき、生徒の大半は抗議しましたが結局聞き届けてもらえず木が切られてしまったということがありました。小さな校舎を建てるより、物置になっている教室を綺麗《きれい》にすればいいとずっと思っていたのですが、大人たちのアメニティと子どもたちのアメニティがあり、大人たちのアメニティが実現されたということなのだと、今はよくわかります」。

この学生は、欅の木を切って新校舎を建てることに対する生徒の抗議を、アメニティをめぐる紛争ととらえています。ここには「大人たちのアメニティ」と「子どもたちのアメニティ」の対立があり、そして「子どもたちのアメニティ」は負けてしまったわけです。大人たちの、校舎を建設する必要があるという考えも分かりますが、多くの反対の声にきちんと答えていないのには疑問を感じます。このように生徒の反対を押し切っ

て欅の木を切った学校が、授業で「環境教育」を行っても、あまり説得力はないかもしれません。

開発とミティゲーション

このケースでは、欅の木が切られてしまいましたが、行政が地域の緑地に建物を建てようとする際には「ここの木は切るが、他のところに木を植えるからそれで代替できる」という対応がなされることがあります。ただしそこの住民が、その緑地、その場所に愛着があったとしたら、他のところに木を植えるからそれでよいというわけにはいかないでしょう。そこにあった森の木を切り倒しておいて、別の場所に「いこいの森」をつくるというやり方には納得できない部分があります。自分たちはこの森が好きだったのですから。

開発行為を行うときに、他の土地に植林することで埋め合わせるというやり方は、実は環境政策に組み込まれていて、「代償ミティゲーション」と呼ばれます。**ミティゲーション**（緩和）というのは、開発に伴う環境悪化を防ぐための対策の一つとして、「自然への悪影響をさけたり、やわらげたりする」ことです。日本生態系協会は、ミティゲーションを次の三つに分類しています。

①回避（開発を中止したり、別のところで行うことで自然への悪影響をさける）
②最小化（開発面積を小さくしたりして、自然への悪影響をできる限り小さくする）
③代償（開発によって失われる自然の代わりに、別の場所で自然を守ったり、新たに自然を回復したりすることで悪影響の埋め合わせをする）

ここで重要なのは、ミティゲーションは「回避」、「最小化」、「代償」の順に試みられるべきとされている点です。つまり「代償ミティゲーション」は他に手段がないのでやむを得ず行われるべきなのです。問題なのは、このような「代償ミティゲーション」が、そこだけ切り取られて「**自然再生**（restoration）」として宣伝される可能性があることです。

自然再生とは

自然再生とは、その場所に過去に存在したけれども今では失われてしまった自然を、人間の手で復元することです。日本の代表的な事例としては、茨城県にある霞ケ浦《かすみがうら》の「アサザプロジェクト」があります。

NPO法人アサザ基金によるこのプロジェクトは、工業化による水資源開発のために湖岸がコンクリートで固められ、水門が閉鎖されたことで海との連続性が絶たれたために生きものの環境が悪化した霞ケ浦を、良好な状態に再生することを目指しています。

代表理事の飯島博は、アサザという水草が土砂を集めて浅瀬をつくることに注目し、アサザの復元を行うことで湖岸の生態系を再生する事業を始めました。その結果、霞ケ浦にヨシ原が再生され、そこは魚類の保護養殖の場ともなりました。

これは、開発行為の代償にすぎない植林事業などとはまったく異なる、真っ当な自然再生事業といえるでしょう。

しかし、アメリカの環境倫理学は、このような事業に対しても批判の目を向ける傾向がありました（後で説明するように、最近では変化が見られます）。その理由はアメリカの環境倫理学の背景にある自然観にあります。以下ではどのような自然観が背景にあるのかを確認し、それが自然再生の評価にどう影響しているかを見ていきます。それをふまえて最後に、良い自然再生と悪い自然再生の区別について考えてみたいと思います。

自然の価値論

アメリカの環境倫理学では、長らく「自然の価値論」という議論が行われてきました。それは「自然にはどのような価値があるか」を問うものですが、なぜこのような議論をしなければならなかったのでしょうか。それは、自然を守ろうという主張に対して、「なぜ自然を守らなければならないのか」という疑問が呈されるからです。その疑問に対して「自然には○○の価値があるから守らなければならないのだ」と答えるときの、○○にあたるものは何なのか、を検討するのが環境倫理学の課題だったのです。簡単に言えば、自然を守る理由を探究してきたわけです。

では、アメリカの環境倫理学はどのような答えを用意したのでしょうか。一つは「道具的価値」というものです。これは、自然は人間にとって役に立つから守るべきなのだ、という答えです。ここには人間の道具としての自然を守るという考え方があります。

もう一つは「内在的価値」というものです。これは、自然はそれ自体がすばらしいものだから守るべきなのだ、人間にとって役に立つかどうかとは無関係に守るべきなのだ、という考え方です。

みなさんは、なぜ自然を守るのか、と聞かれたときにどう答えるでしょうか。ここで、先に示した二つの陣営（人間のためvs自然自体のため）に分かれて議論することも可能ですし、アメリカの環境倫理学ではそうする傾向がありました。

しかし、こういう二分法についてはこんな疑問もわくでしょう。自然を守る理由をもっとたくさん挙げることができるのに、どうしてこの二つに絞らなければならないのか。特定の場所の自然が問題になっているときには特にそうでしょう。

たとえば、「ここの自然は美しいから守るべき」という理由は、その場所の自然を美的に楽しむ人間本位の理由でもありますが、かといって道具としての価値とは言い切れず、むしろその場所の自然自体のすばらしさを重視しているように思えます。

あるいは「この森には神様が宿っているから開発してはいけない」という場合はどうでしょうか。こういう文化的・宗教的な理由は、「道具的」でしょうか、「内在的」でしょうか。文化や宗教も人間のための道具だ、と割り切る人には「道具的」といえるかもしれません。しかし多くの場合、文化や宗教は道具を超えたものと理解されているように思います。

このように考えていくと、先の二分法にとらわれず、多様な理由をすべて尊重しながら議論していくほうが、よりよい結論を生み出すように思われます。実際に、近年の環境倫理学では、自然を守る理由はたくさんあることが認められるとともに、自然を守るのは自然のためでもあるし、人間のためでもある、という考え方に意見が集約されてきています。

保全と保存

これに関連して、環境倫理学における「保存（preservation）」と「保全（conservation）」の区別について紹介します。どちらも「守る」という点では同じですが、守る理由が異なります。環境倫理学では「保存」は「自然のために守る」、「保全」は「人間のために守る」という意味で使われてきました。しかし先にふれたように、最近では、この区別はあまり重視されなくなりました。

少しややこしいのですが、自然を守ることを学問的使命にしている保全生態学の分野では、「保存」は「人間が手をつけないで守ること」とされ、「保全」は「人間が手を入れながら守ること」とされています。これは今でも通用している区分で、また重要な区分でもあります。以下で詳しく見ていくことにします。

みなさんは「自然破壊」といったら何をイメージしますか。たぶん「開発」や「乱獲」などが自然破壊のイメージだと思います。そこから「自然保護」というのは開発や乱獲といった人間の行いから自然を守る、ということになるでしょう。この場合、自然を「保存」（人間が手をつけないで守る）すべきということになります。

加えて近年では、別のタイプの「自然破壊」に注目が集まっています。それは、里山の荒廃という形の自然破壊です。「里山」とは、人が手を入れて管理してきた山林や田畑のことを指します。里山の荒廃とは、過疎化などによって山林や田畑が管理されずに放棄され、荒れ果てることを指します。この場合、人が手を入れなくなったことが問題で、このような自然は「保全」（人間が手を入れながら守る）がなされるべきだということになります。

一般に、いったん人が手を加えたものに関しては、手を加え続けて維持するのが正解だとされています。たとえば、家屋をきれいに維持するために、「できるだけ家にいないようにする」というのは間違いで、これを実行すると家はほこりだらけになります。正解は「掃除をしながら住む」ことです。これと同じように、人が手を入れてつくりあげた里山は、末永く手入れを続けないといけないのです。

このように自然破壊に二つのタイプがあるので、それと対応する形で、自然保護にも二つのタイプがあります（自然破壊の種類としては、外来種や化学物質による破壊と、地球温暖化による破壊という、あと二つのタイプが設定されていますが、ここでは省略します）。それが「保存」と「保全」なのです。生態学者の吉田《よしだ》正人《まさひと》は、英語の頭文字をとって、それぞれを「P型」の自然保護、「C型」の自然保護と呼んでいます。

アメリカの環境倫理学の大問題

今では、自然保護に「P型」と「C型」の両方があることが半ば常識になっていますが、アメリカの環境倫理学は長い間、P型に固執してきました。それだけでなく、P型の自然保護をグローバルに普及させようとして、第三世界などに混乱を招いてきました。このことを指摘したのが環境倫理学者の鬼頭秀一《きとうしゅういち》です。

鬼頭によれば、アメリカの環境倫理学の背景には「人の手のついていない自然こそがすばらしい」という自然観があるといいます。歴史の授業で習うように、現在のアメリカ合衆国を建国した人々は、ヨーロッパからアメリカ大陸の東海岸にわたった人々とその子孫です。その後、彼らはアメリカ大陸を西に向かって進んでいき、西海岸に到達します。その過程で、大陸中西部でものすごい景色に出会います。それは見わたす限りの大自然でした。現在では先住民がすでに住んでいたともいわれていますが、そのときには人の手のついていない自然と受け止められたようです。この「人の手のついていない自然（原生自然、ウィルダネス）」を人の手から守ろう、というのが、アメリカの自然保護の最初の目標でした。ここでの「人間と自然を切り分ける」発想が、その後長きにわたって自然保護の世界を牽引《けんいん》することになります。

このようにまとめた上で、鬼頭は、「人の手のついていない自然（原生自然）」を人の手から守るというP型の自然保護を、すでに自然の中に人が住んでいる地域に一律に適用することに疑問を呈《てい》します。ひどい場合には、先住民を含めた地元の人々の権利を侵害することになるからです。実際に保護地域として設定された地域から追い出された人々や、それまで利用していた地元の自然の利用を禁じられた人々もいます。

さらに言えば、世界的には「人の手のついていない自然」はごくわずかしかなく、大半の自然はすでに人が手をつけている。しかしそのことによって自然が荒廃したわけでもなく、むしろ人と自然とが共存しているところが多い。だとすると、環境倫理は、すでに人の手が入った自然を持続可能なものにしている地域の文化や倫理を軸にしてつくられなければならないのではないか。このように考えて、鬼頭は「**ローカルな環境倫理**」を個々の地域から立ち上げることを提唱します。これは地域ごとに、その地域にふさわしいC型の環境倫理をつくりあげることといえるでしょう。

自然再生に対する評価の変化

アメリカ的な自然観、つまり原生自然をすばらしいと考える発想は、「自然再生」の捉え方にも影を落としています。「自然再生（restoration）」とは、その場所に過去に存在したが失われてしまった自然を、人間の手で復元しようという取り組みのことです。吉田正人は、これを第三の自然保護とみなし、P型、C型と同格のR型と位置づけています。

しかし、もっぱらP型を自然保護と捉えるアメリカの従来の環境倫理学からすると、人間が一から自然をつくるというのはインチキだということになります。自然再生を批判する論文の題名に「ビッグ・ライ（大嘘《おおうそ》）」とか「フェイキング・ネイチャー（自然の偽造）」という過激な言葉が使われるほど、自然再生は忌避感をもって受け止められました。

他方で、日本ではこの種の批判をあまり見かけません。里山保全などのC型の自然保護が違和感なく受け入れられている風土においては、自然再生もそれほどおかしな話としては感じられないのでしょう。その意味では、自然再生（R型）はP型よりもC型に近い、あるいはR型はC型の延長にある、と考えることができると思います。

近年ではアメリカでも、自然再生による自然保護を高く評価する論調が出てきました。エマ・マリスは、原生自然（ウィィルダネス）を幻想として退け、生物多様性の豊かな世界を人間の手で実現すべきだと主張しています。マリスによれば、世界を人間の「庭」（「多自然型ガーデン」）として作り上げることこそが自然保護なのです。

また、環境倫理学者では、アンドリュー・ライトが自然再生事業を好意的に評価しています。その理由は、第一に、再生された自然は、自然が自律的に復元していくことの支援になりうるからです。人が植えた樹でも、その後は勝手に生長し、虫がつき、鳥が来るということです。

第二の理由は、再生された自然にかかわることによって、再生されていない（もともとの）自然に対しても、配慮しようという気持ちが強まるというものです。

第三の理由は、再生活動を通して、人間が自然に与えた損傷について知る機会を得られるという、教育的効果があるというものです。

これらの理由で、ライトは自然再生事業の意義を認めています。彼がこのような考えを持ちえたのは、原生自然こそが価値ある自然だという考えから抜け出していたからです。このように、アメリカの環境倫理学でも原生自然主義は過去のものになりつつあります。

良い自然再生と悪い自然再生

ずいぶん遠回りをしましたが、これで自然再生をめぐる環境倫理学の議論の紹介が終わりました。一言で言えば、アメリカでは自然再生について批判的だったが好意的になりつつあり、日本ではもともと好意的に評価する素地があった、ということです。

ここで最初に提起した問題に戻ります。自然再生事業には、過去に失われた自然を回復するという真面目なプロジェクトと、開発のための言い訳として行われるプロジェクトがあるという問題です。ライトはこの二つをそれぞれ「好意的再生」と「悪意のある再生」と呼んでいます。ここでは両者を区別する基準をより明確に示しておきたいと思います。

軽井沢の美しいカラマツ

まず大前提として、人が自然をつくること自体は否定的に捉えないことにします。軽井沢に行くと、美しいカラマツの林を見ることができます。これはすべて明治以降に人が植えたものです。今の私たちの目には、それがあたかも昔から生えていたかのように映ります。「人が植えた」という事実は、カラマツ林の美しさと軽井沢のイメージを損なうものではありません。むしろ人が植えたことが感じられないくらい地域に溶け込んでいることを評価すべきでしょう。そして今ではカラマツの林を大規模に伐採するとなったら反対運動が起こるでしょう。つまり原生自然だけがすばらしいわけではないということです。人がつくった自然も保護すべき価値のある自然になるのです。

そのうえで自然再生をどのように考えればよいでしょうか。ここでは自然再生の良し悪しを見極めるための二つの基準を示してみます。

第一に、真っ当な自然再生事業は、「過去に」失われた自然を再生する事業であるということです。ほぼ同じ時期に一方で破壊して他方で再生させるというのは、開発行為の言い訳と見なされても仕方ありません。

第二に、真っ当な自然再生事業には、その場所への敬意や地域への愛着があるということです。その場所にもともとあった自然を取り戻そうとする熱意は、他の場所に植林すればいいという態度とは正反対のものです。

冒頭で話題にした小学校の欅の木は、「学校のシンボル」であり、伐採計画に対して「生徒の大半」が抗議するほど愛されてきたものです。今となっては取り返しがつきませんが、次善の策として考えられるのは、同じ場所に建てられた校舎を取り壊して、もう一度、欅を植え直すことでしょう。暴論に聞こえるかもしれませんが、実はそれも真つ当な自然再生事業だと思うのです。みなさんはどう思われますか。

コラム5　アメリカの環境倫理学のバイブル

環境問題に関する古典的な本は何か、と聞かれたとき、多くの人は**レイチェル・カーソンの『沈黙の春』**を挙げるでしょう。実際、この本によって環境問題が広く知られるようになりました。内容や影響の大きさを考えれば、この本は「環境倫理」の原点として位置づけられてもおかしくないように思います。

しかし、アメリカの環境倫理学では、環境倫理の原点といえば、**アルド・レオポルドの「土地倫理（Land Ethic）」**という論文《エッセイ》を指すことになっています。カーソンに比べて一般的な知名度は格段に落ちますが、環境倫理学の解説書には必ず出てきます。その理由は、レオポルドが初めて、倫理を土地にまで拡張することを明確に提示したからです。

それまで「倫理」といえば人間どうしの関係を律するものでした。それに対してレオポルドは、倫理の共同体を「土壌、水、植物、動物、あるいは集合的に土地へと拡張する」と述べたのです。そして彼は、人間は土地の征服者ではなく、土地共同体の一員なのだと言いました。この点から、レオポルドは「人間中心主義」を批判して「人間非中心主義」(特にそのなかの生態系中心主義)を主張した人で、論文《エッセイ》「土地倫理」が収録されている本『野生のうたが聞こえる』は**環境倫理学のバイブル**と評価されてきました。

ただし、レオポルドは思想家というよりは実務家で、狩猟鳥獣の管理を仕事にしていました。その中で彼は、人間のレクリエーションを重視するといった、人間中心主義的な考えも持っていました。このことは彼の本を読めば分かるのですが、長らくレオポルドは、人間非中心主義の代表者のように扱われてきました。

本文で、アメリカの環境倫理学が「原生自然」の保存という独特の自然保護思想にもとづいていることをお伝えしました。アメリカの環境倫理学の歴史について記した本を読むと、多くの場合、そこにはエマーソン、ソロー、ミューアといったロマン主義的な思想家の影響があったとされています。そこにレオポルドの名前を加える人もいました。

しかしレオポルドには、人間が生態系を科学的に管理するという考え方がありました。そこから最近では、レオポルドはロマン主義的な「保存」の思想とは別の流れにある、「**保全生態学の祖**」として位置づけられています。私はこの位置づけが正しいと思います。

レオポルドは原生自然の保全について、別の論文《エッセイ》でこのように語っています。

「原生自然の保護（保全）はすべて自滅の道をたどる。原生自然を大切に守るには、まず実情を目で見、手塩にかけて慈しむ必要がある。ところが、十分に目で見、手塩にかけて慈しんだら最後、もう大切に育てるべき原生自然は残っていないのだ」。

原生自然を人間が保全することの矛盾に悩む人の姿が見えてきますね。ここからも、レオポルドは保全の実務家だと私は思うのですが、「土地倫理」を全体主義的な思想として敬遠する人もいれば、日本の西田幾多郎の哲学に引き付けて深遠な思想として解釈する人もいます。

このように、多くの人がさまざまな解釈をするという意味でも、『野生のうたが聞こえる』は環境倫理学の「バイブル」なのでしょう。

第6章　都市生活は地球環境にとって悪いのか

環境問題にはいろいろある

これまで、第2章と第3章では「地球環境問題」について、第4章と第5章では「自然環境」について、話をしてきました。この二つのテーマは、ずいぶん色合いの違うものだったことに気づかれたことでしょう。実は、環境問題の研究と一口に言っても、地球環境問題を主に研究している人と、自然環境を主に研究している人がいて、両者の興味関心は異なる場合が多いのです。

実は「環境問題」という言葉は、それを用いる人や地域や時期によって、その意味する中身がまちまちです。日本では環境問題というと、一九八〇年代までは「公害」がイメージされ、一九九〇年代以降は「地球温暖化」がイメージされることが多いのですが、アメリカでは環境問題というと長らく「自然破壊」がイメージされてきたのです（最近は状況が変わり、マイノリティに公害の被害が集中しているという環境不正義の問題にも注目が集まるようになりました）。

こんな具合なので、それぞれの場合に環境問題という言葉で何が語られているのかを個別に見ていかなければなりません。しかし、何でもかんでも環境問題になっているわけではないので、ここであらためて、環境とは何か、環境問題とは何か、ということを考えてみることにしたいと思います。

環境とは何か

「○○とは何か」を調べるときには、辞書を引くことから始めるのが常道です。そこで、手近にある『広辞苑』第六版を見ると、「環境」について次のように書かれていました。

「①めぐり囲む区域。②四囲の外界。周囲の事物。特に、人間または生物をとりまき、それと相互作用を及ぼし合うものとして見た外界。自然的環境と社会的環境とがある」。

ちなみに英語で「環境」にあたる単語はenvironmentです。これは動詞のenviron（めぐり囲む）にmentがついて名詞になったものですから、「めぐり囲むもの」となり、日本語の辞書と同じ説明になります。

「めぐり囲む」というのは少し硬い言い方ですよね。この本では「身のまわり」という言葉で表現したいと思います。環境とは「身のまわり」のことです。そうなると急に身近な話に思えてくるでしょう。そして重要なことは、辞書の説明のなかにある、環境には「自然的環境」と「社会的環境」がある、という部分です。つまり、環境＝自然環境ではないということです。

私たちの「身のまわり」には、自然物もありますが、それ以上に人工物がたくさんあります。私たちはビルやマンション、電車、スマホなど、人工物に囲まれて生活をしています。したがって、私たちが「環境」を考えるという場合には、自然だけを考えればよいのではなくて、自然と人工物の両方を含む環境を考えないといけなくなります。

もっと細かい分類として、環境社会学者の舩橋晴俊《ふなばしはるとし》は、環境を「自然環境」「インフラ環境」「経済環境」「社会環境」「文化環境」の五つの層に分けています。私たちは

「情報環境の整備」とか「コロナ下での教育環境の整備」などと言いますが、それは「インフラ環境」や「社会環境」、「文化環境」として、「環境」という言葉を使っていることになります。

環境の範囲

今の話から、「地球環境」はどう理解すればよいのでしょうか。地球環境を「身のまわり」と考えるのは難しいですね。私たちが「身のまわり」として感じられるのは、直接見える、手で触れられる、歩いて行ける、という範囲ではないかと思われます。あるいは自分の住んでいる市町村とか学区とか、そういう範囲が「身のまわり」という言葉にピッタリくるでしょう。英語では地球規模をglobalといい、地域規模をlocalといいますが、身のまわりというのはローカルな範囲と言えると思います。

しかし、インターネットの記事や写真を見ると、世界のどこで何が起こっているのかが手元で分かります。またメールやSNSを使えば、はるか遠い国の人とコミュニケーションをとることができます。そう考えると、「地球環境」は技術や知識によって拡張された「身のまわり」だ、と言えるかもしれません。

そもそも「地球環境問題」は、科学技術によって判明した問題です。科学技術がなければ、オゾン層の破壊とか地球温暖化といったことは分からなかったでしょう。他方、オゾン層の破壊や地球温暖化の原因も科学技術がもたらしているので、科学技術には功罪両面があるといえます。科学技術は私たちの「身のまわり」を地球規模に拡大し、その結果「地球環境」という言葉が違和感なく使われるようになった、と考えることができます。

とはいうものの、普通に考えたら「身のまわり」はローカルな範囲でしょうし、情報技術が発達しても、自分自身に直接かかわる範囲というのはローカルな範囲だといえるでしょう。ただし、どのくらいの範囲がローカルな範囲なのかは、人によっても異なる微妙な問題として残ります。ここでは、「地球環境」が成り立つのは「身のまわり」が拡張された結果だ、という点を指摘するにとどめたいと思います。

環境問題とは何か

このように、環境とは「身のまわり」だ、と定義すると、それでは「環境問題」とは何なのか、という話になります。ストレートに当てはめると「身のまわりの問題」になります。しかしそれだとすべての社会問題が環境問題だと言えてしまいます。それなら「環境問題」と言う必要がなくなります。それに、普段使われている「環境問題」は、より限定された、特定の問題を扱っているように思います。

環境経済学者の寺西俊一は、環境問題を①**汚染問題**、②**自然問題**、③**アメニティ問題**に分類しています。先ほど、環境問題として、日本では公害と地球温暖化が、アメリカでは自然破壊がイメージされると言いましたが、それは①汚染問題と②自然問題にピッタリ当てはまります。

③アメニティ問題というのは、私たちが「ここは住環境が悪い」というときの住環境の良し悪しを指します。アメニティとは快適な生活環境という意味で、ここでは「身のまわり」としての環境がストレートに問題になっています。

このアメニティ問題という項目があることで、環境問題の視野が広がるため、この三つの分類はすばらしいものといえるでしょう。

今や「身のまわり」とは「都市環境」だ

ここまで、「環境」や「環境問題」という言葉にこだわって話を進めてきました。こういう言葉の分析を入念に行うのは、哲学ではよくあるやり方です。その結果、次のことが見えてきました。

（1）環境とは「身のまわり」であり、ローカルから始まってグローバルにまで拡張できる。
（2）環境には自然だけでなく人工物、社会制度、文化などが含まれている。
（3）環境問題とは、典型的には、汚染問題、自然問題、アメニティ問題を意味する。

これらをふまえて、みなさんの身のまわりを見回してみましょう。そこには自然があり、それ以上に人工物があることでしょう。また、川の水が汚い、近所の木が切られた、工事の音がうるさい、といった問題が生じているかもしれません。実は、今挙げたことが、みなさんや私が普通に暮らしていて実感できる環境問題です。私たちの暮らしに影響のある環境問題です。そしてその舞台は多くの場合、「都市」であることに気がつくことでしょう（この本では「都市」を、**第一次産業で生計を立てていない人々が多く暮らす地域**と定義します。したがって渋谷とか新宿のような大都市だけではなく、地方中小都市のような「まち」を広く含みます）。

環境を自然環境と捉えることの問題の一つは、農村・漁村を良い環境と見なし、都市環境を悪者にしてしまうことにあります。もちろん、農村・漁村を良い環境のモデルにしたいという主張はよく分かります。自分たちが生きていくために食べ物を生産する土地とともに生きる、というのは真っ当な話です。しかしそこから、農村・漁村に住んでいる人々は自然に近い生き方をしていて正しい、都市に住んでいる人は自然に反する間違った暮らしをしている、と評価するのは、いかがなものでしょうか（直接そう言う人はいませんが、そういう評価を前提として話をする人はときどきいます）。

現在、世界人口の半分以上は都市に暮らしています。先の見方からすると、世界人口の半分以上は間違った暮らし方をしていることになります。それはあまりにも救いのない話ではないでしょうか。そもそも、都市で暮らすことは悪いことなのでしょうか。

以下では、（1）都市は地球の持続可能性に貢献できるということ、（2）都市のなかで自然に接することができること、（3）都市は人が幸せに暮らせる地域であること、を順に確認していきたいと思います。

都市と持続可能性

先ほど、都市は地球の持続可能性に貢献できると言いました。みなさんのなかには不思議に思った人もいるかと思います。都市は大量の資源・エネルギーを消費する、地球にやさしくない地域ではないのですか、と。しかし、都市は資源・エネルギーが節約できる場所なのです。ポイントになるのは**「集住」**と**「公共交通の利用」**です。

コロナ禍の現状では集まること自体が危険なことですので、「集住」と聞くと、それだけでマイナスのイメージがあるでしょう。密になるのを避けて地方に移り住む人が増えている時代に、都市への「集住」を評価するのは逆行しているのではないかと思われたかもしれません。

それでは、多くの人が都市から脱出し、郊外の戸建て住宅に住んだ場合、どうなるでしょうか。おそらくほとんどの人がエアコンを設置し、移動のためにクルマを使うことでしょう。一般論として、戸建て住宅でエアコンをきかせ、クルマで外出する生活は、エネルギー浪費型の生活であり、マイカーでの移動を減らすことや、エアコンを使わずに生活をすることが、地球の持続可能性に貢献する道となります。

しかし今や、郊外に住む人にクルマの使用を禁ずることや、真夏にエアコンを使わずに生活しなさいと命じることは不可能です。それは生活や生命を脅かすことになります。第1章で述べたように、そのような禁止命令を「環境倫理」と捉えてはいけません。むしろ個人がエネルギーを浪費しないライフスタイルをもてるように、社会的なしくみをつくっていくのが環境倫理の考え方です。

では、個人がエネルギーを浪費しないライフスタイルをもてるように社会は何ができるでしょうか。一つは、「**集合住宅**」に簡単に住めるようにすることです。集合住宅といっても、タワーマンションのような規模ではなく、中規模のアパートやテラスハウス（昔は長屋といいました）を考えてみましょう。中規模のアパートやテラスハウスに住むと、外気にふれる表面積が小さくなるので、戸建て住宅に住むよりもエアコンの利用が効率的になります。効率的な熱利用や通風などが工夫された集合住宅であれば、なお良いでしょう。

「集住」と並ぶ都市の利点は、「公共交通の利用」にあります。先ほど述べたように、つねにクルマで移動する生活は、膨大な量のガソリンを消費する、持続不可能なライフスタイルです。それに対して、皆がバスや電車で移動すれば、エネルギーの節約になります。また都市の利点は、徒歩圏内にいろいろな店があるということです。それらによって、都市に住む人はクルマを持つ必要がなくなります。

以上から、都市に効率的な集合住宅と公共交通を整備することによって、都市は地球の持続可能性に貢献できる、ということができます。このことによって、都市住民は特別なことをしなくても、郊外の住民よりも地球にやさしい生活をすることが可能になるのです。

都市における自然

このように都市生活の利点を強調すると、従来の自然保護運動家や自然愛好家から「でも都市では自然と接することができないではないか」と言われるかもしれません。実際のところ、都市を、「自然がない地域」として、コンクリートやアスファルト、ビルやマンションに囲まれた人工的な地域として、思い描く人も多いでしょう。

しかし、「都市に自然がない」というのは間違いです。都市には緑地や公園が整備されていることが多いですし、昔ながらの川や雑木林が残っているところもあります。カラスもいればセミもいます。それなのに、「都市には自然がない」と断言する人は、都市にある自然を無視しているといえるでしょう。「都市には自然がない」という言葉が広まると、都市にある自然はどんどん見逃されていくことでしょう。そして身近な自然がなくなっても気づかれない、あるいは関心を持たれない、ということになるでしょう。「都市に自然はない」という断言は、都市に今ある自然を失わせる方向にしか作用しないと思います。

また、都市に自然がないことを問題視する人たちは、子どもを自然に触れさせようと言って、いわゆる「田舎」に連れていって「**自然体験**」をさせようとします。これだと、都市に住んでいる人々は、他の地域に行かないと自然に触れられないということになります。しかし、先ほど述べたように、都市にも自然があります。足もとにある自然に鈍感になって、他の地域で与えられた自然を体験するというのは、何か奇妙なことのように思います。

みなさんのなかには、小さいときに「**秘密基地**」をつくって遊んだことがある人もいると思います。私は授業の課題として、大学生に子どもの頃の秘密基地体験についてのレポートを書いてもらっています。多くの人が当時の体験を思い出して楽しんで書いてくれます。

秘密基地には何らかの形で「自然」が絡んでいます。神社の茂み、林の中、橋の下、公園の隅などは、秘密基地の格好の場所です。草でアーチ状の屋根を作ったり、土を掘ったり、石ころやどんぐりをそこに隠したり、といったことがなされます。これらの体験は、都市において自然に触れる体験、つまり「自然体験」といってよいでしょう。この種の体験を見ずに、プログラムされた田舎への旅行を「自然体験」と見なすのは、変な感じがします。

都市のアメニティ

最後に、特に大都市に関してですが、「こんなところは本来、人の住む場所ではない」という不満の声を聞くことがあります。大都市はごみごみしていて、人間にとってストレスの多い場所ではないのか。エネルギー効率が良いからといって、そのようなストレスを我慢して都市に暮らすべきだというのか、と。

このような問いに対しては、すべての都市がストレスフルなわけではないし、ストレスをためるのはその人の生活の仕方、働き方、人間関係によるところが大きいだろうと答えます。都市はストレスフルだから田舎で暮らそう、というのではなく、都市を快適にすることを考えたほうがよいのではないでしょうか。

快適な都市生活を満喫できれば、田舎に逃避しなくても済むはずです。都市が快適になれば、その副産物として、郊外の自然保護につながる可能性があります。皆が都市に

住むようになれば、郊外の住宅開発をする必要がなくなるからです。

また、都市の魅力を発見することは、観光の考え方を変えることにつながります。都市に退屈した人々は、郊外の観光地に足を運びます。その結果、特に世界自然遺産などには人々が殺到し、現地の自然を破壊したりゴミを散らかしたりする「**オーバーユース問題**」を引き起こします。しかし、近場にある魅力的な場所を訪れることも立派な「観光」です。それぞれが近所の観光を楽しむようになれば、オーバーユース問題の解消につながるでしょう。

都市の魅力を探す「アメニティマップ」

そこで最後に、近所の魅力を探すためのツールである「**アメニティマップ**」を紹介します。アメニティマップとは、好きなところ（アメニティ）を緑、嫌いなところ（ディスアメニティ）を赤、微妙なところを黄色でチェックした地図のことです。

アメニティマップを作るのは簡単です。地図をもって近所を歩き、「いいな」と思ったところと、「よくないな」と思ったところ、「微妙だな」と思ったところを、その都度地図に色分けするのです。加えて、なぜそこをよいと思ったのか、よくないと思ったのか、の理由を書いておきます。それだけで、アメニティマップは完成します。

しかしそこで終わるのはもったいないので、プレゼンテーションを行って他の人にも伝えていきます。発表を聞いた人からは、違う意見が出てくるかもしれません。それも面白いことです。自分が「いいな」と思ったところが、他の人にはサッパリ理解されないこともあるでしょう。また自分が「よくないな」と思ったところに、他の人は価値を見出すかもしれません。人それぞれ価値観が違いますが、その違いは、そうやって声に出さないと分かりません。アメニティマップをつくって発表することは、地域に対する自分の見方を伝えるだけでなく、他の見方があることを知る機会にもなります。

学校をあらためて見てみよう

みなさんの一番身近な環境は、自宅とその周辺だといえるでしょう。その次に身近な環境はどこでしょうか。おそらく学校とその周辺だと思います。中学校や高校であれば、入学して一年もたたないうちに、学校とその周りに詳しくなることでしょう。

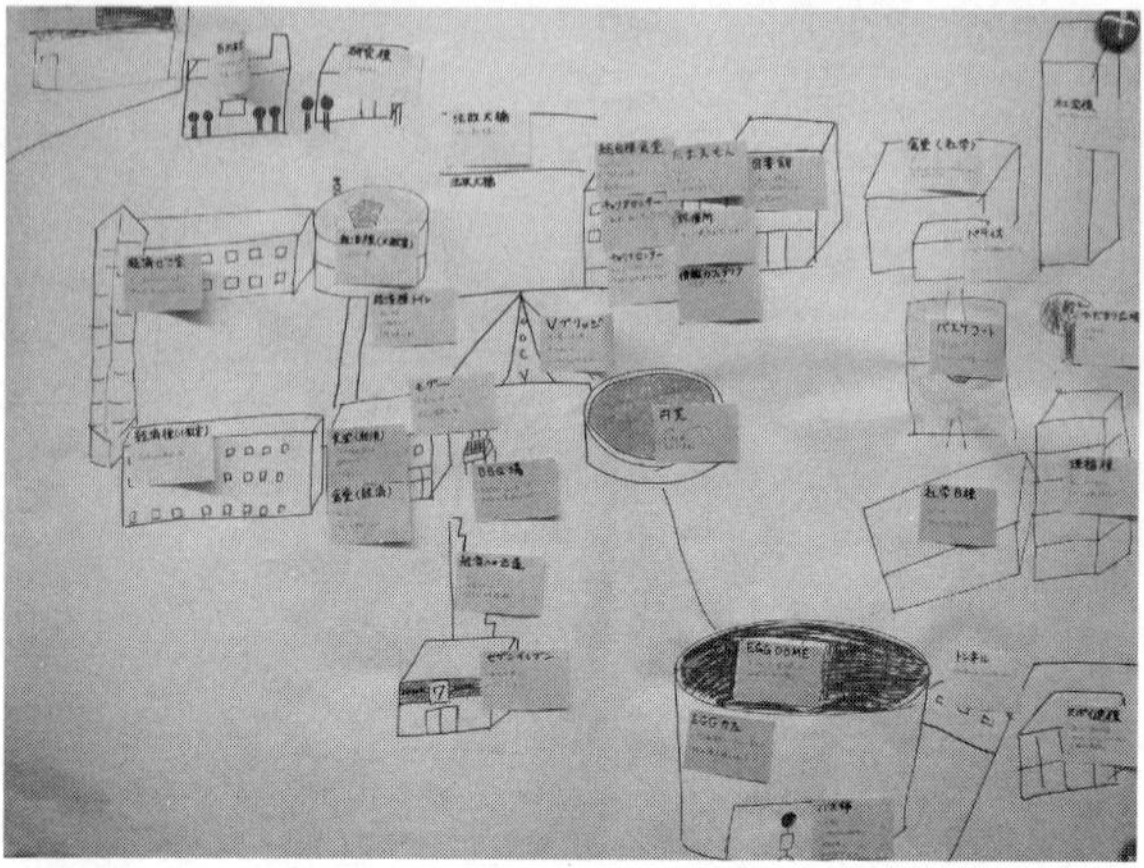

大学キャンパスのアメニティマップ

しかし、大学では事情が変わります。キャンパスが広いので、大学生は自分が通う大学の全貌を知ることはほぼありません。一度も入ったことのない建物がたくさんあります。そこで私は大学生に、大学キャンパスのアメニティマップをつくってもらいました。新たな発見がたくさんあったようです。

みなさんも、見ているようで見ていないところがあるかもしれません。グループに分かれて、学校とその周辺のアメニティマップをつくり、お互いに発表してみるとよいでしょう。きっと盛り上がると思います。

まちづくり活動としての「アメニティマップづくり」

このように「アメニティマップ」は、身近な環境に対する自分の見方を自覚し、他の人の見方を知るためのツールですが、大規模に行えば「まちづくり」のための基礎情報を集めるツールにもなりえます。

二〇〇八年から二〇一〇年までの三年間、私は千葉市（対象地は千葉駅から千葉公園まで）でアメニティマップづくりの市民講座に携《たずさ》わりました。この講座をリードしたのは都市工学者の齋藤伊久太郎《さいとういくたろう》です。以下、齋藤が独自に作り上げた「アメニティマップづくり」の行程を紹介します。

第一段階として、一人一人が小さな地図をもってまちを歩き、自分の「アメニティマップ」をつくります。

第二段階は、それぞれの地図に書かれた情報を一枚の大きな地図に集約する段階です。それぞれのアメニティスポットについて、そこをよいと評価した理由を、緑の付箋に書いて旗をつくります。ディスアメニティについては赤の付箋に、微妙なところについて

フラグマップの例

は黄色の付箋に評価の理由を書いて、それぞれ旗にします。それらの旗を大きな地図の該当場所に刺していきます。これで、参加者の地図の情報が一つになります。これが「**フラグマップ**」です。

緑の旗が集中しているところは、皆がよいと思ったところです。赤い旗が集中しているところは、皆がよくないと思ったところです。同じ場所に緑と赤の旗が立っているところは、人によって評価が異なるところです。このように、フラグマップを見ると、自分一人の評価を超えた、集団の評価が分かります。

第三段階として、フラグマップの解体を

行います。フラグを引き抜いて、その場所にフラグと同じ色のシールを貼《は》ります。そして理由の書かれた付箋を別の紙に貼ります。その結果、シールの形で全員の評価が記録された大きな地図と、それぞれの場所に対するコメントがまとめられた記録紙ができあがります。

第四段階では、これをもとに、それぞれのスポットの詳細（良し悪しを評価した理由）を皆で検討していきます。そのなかで、参加者の多くがアメニティと感じている場所をどう残していくか、ディスアメニティと感じている場所をどう改善していくかを話し合い、人によって評価が分かれた場所についての意見交換を行います。

このように、集団でアメニティマップをつくることによって、いろいろな立場の人が、同じまちをどう見ているのかが分かるとともに、**このまちの何を残し、何を変えていくか**を話す機会が生まれます。

私たちができる環境保全活動

アメニティマップづくりは、私たちが簡単に参加できるまちづくり活動です。同時にこれは環境保全の活動でもあります。

千葉市の市民講座では、アメニティマップによって千葉駅から千葉公園にかけての地域のよいところ、悪いところが「見える化」されました。これを参加者だけではなく、他の市民や行政と共有したら、どうでしょうか。もちろん、この参加者の意見をストレートに都市計画に反映させるのは、おかしな話です。あくまでも一部の人たちの意見ですから。しかし、少なくともここはよいと感じられている、ここは悪いと感じられているという情報には価値があると思います。アメニティマップづくりは、個々人の好みの確認にすぎない、という意見もあるかもしれませんが、個々人の好みというのは大事な要素ですし、それが集団のなかで検討されることによって、共通の価値になることもあります。

加えて、参加者のなかに、地域の歴史に詳しい人や、生きもの・地形に詳しい人がいたら、その人たちの話は、地域の将来を考えるにあたって貴重な情報になるでしょう。それらは個人の好みの問題を超えているからです。

「都市の環境倫理」のすすめ

マップの説明が長くなりましたが、このような活動を通して、都市で快適に暮らすことや、近場で観光を楽しむことに目が向くようになると思います。都市に暮らすことは必ずしもストレスの原因にはならないし、田舎に逃避することは地球環境とその地域にとってマイナスになる可能性があります。

繰り返しますが、都市に住んで集合住宅や公共交通のメリットを活かすことは、資源エネルギーの節約になります。また都市の自然に注目することは、人間と自然とのかかわりを足もとで確認することでもあります。そして都市のアメニティを改善することは、身近にできる環境保全の一つです。都市のメリットを活かし、都市の自然環境と文化的環境を充実させていくことは、地球環境や農村の環境の持続可能性にも貢献するのです。このような都市から始める環境倫理をみなさんも考えてみてください。

コラム6　古地図を見ながらまちあるき

私は大学のフィールドワークで、千葉県習志野市にある商店街のアメニティマップをつくるとともに、その商店街の九〇年前の地図を見ながら、その地図に書き込まれている店舗の今の姿を見て回る、ということを行っています。

昔の地図に記されている多くの店は、今では影も形もありません。しかしいくつかの店舗は、今も同じ位置にあり、営業もしています。お寺や神社が同じ位置にあるのは意外ではありませんが、酒店や青果店、書店などが今も同じ位置にあるのには驚きます。そして驚くとともにうれしくもなります。この感情はいったい何なのでしょうか。

哲学者の桑子《くわこ》敏雄《としお》は、人間に履歴があるのと同じように空間にも履歴があるとして、**「空間の履歴」**という言葉を自身の環境哲学のキーワードにしています。

桑子は、空間の履歴のなかで個人の履歴が積み重ねられると言います。多くの場合、建物の履歴は、個々人の履歴よりも長いですよね。たとえば、みなさんが通っている学校の履歴は、みなさんの履歴よりも長いと思います（新設校の場合は短いこともありますが）。そして学校の「敷地」自体の履歴は、さらに長くなります。学校が建つ前から、その敷地はそこにあったわけですから。こうしてみなさんは、自分の人生より長い空間の履歴のなかで、自身の履歴を積み重ねていくわけです。

ところで、ある人に関心をもった場合、その人の履歴を知りたくなりますよね。たとえばその人が医者だったとして、今どこに勤めているのか、という「現状」だけでなく、どうして医者になろうと思ったのか、出身はどこなのか、小さい頃はどんなふうだったのかなど、その人の「履歴」を知りたくなります。それが人に関心をもつということです。

同じように、地域に関心をもった場合には、その地域の履歴を知りたくなるものです。この町は昔はどんなふうだったのか、この店はいつからあるのかなど、調べてみたくなります。そして履歴が明らかになっていくと喜びを感じます。現在につながる過去を知ることに、私たちは喜びを感じるのです。

これが最初に述べた、古地図に記された酒店や青果店、書店などが今も同じ位置にあることを知ったときの喜びの正体だと思います。昔と今がつながっていることの喜びです。

今も同じ位置にある、といっても、まったく同じ姿のままの店舗もあれば、改装された店舗もあります。九〇年のあいだにはいろいろな出来事があったことでしょう。そのいろいろな出来事があったということが、まさに履歴です。

高度経済成長期やバブルの時期はどうだったのでしょうか。開発されてなくなった店も多かったでしょう。東日本大震災のときはどうだったのでしょうか。店内に被害はなかったのでしょうか。これらのことは、聞いてみないと分かりません。それを聞くのがフィールドワークです。みなさんも近所の「空間の履歴」を調べてみましょう。

第7章　なぜ古い建物を残さなければならないのか

日本の家の寿命が短い理由

　前章ではアメニティマップづくりという取り組みを紹介しました。大学で学生たちに作ってもらうと、建物に関しては、「新しくてきれいな建物」をアメニティと評価し、「古くてぼろい建物」をディスアメニティと評価する傾向が見られます。「きれい」とか「ぼろい」という表現自体が、アメニティやディスアメニティという評価に直結する「価値観」を示しているわけですが、それにしても学生たちの「新しいもの好き」が目につきます。

　もっともこれは学生に限った話ではないかもしれません。日本人の「新築好き」はよく指摘されることです。日本の住宅の平均寿命は二五年くらいといわれています。その結果、多くの人が建て替えを余儀なくされますが、それを喜んでいるフシがあります。

日本社会が新築の建物に固執する背景として、木造の建物が多いことが指摘されています。江戸時代の建物はほとんどが木造でしたが、江戸の町は数年に一回の割合で火災に見舞われ、多くの家が焼けたそうです。そのたびに建て替えているわけですから、そのような状況では家は長持ちしないものという意識が育つのは当然かもしれません。

他方でイギリスのロンドンでは、一六六六年の大火災の後に木造建築が禁止され、家を石で作るようになりました。その当時に建てられた建物が今も使われているという話もあります。このような木と石という素材の違いもあるかもしれません。とにかく日本の家づくりにはスクラップ&ビルドがごく普通のこととして行われています。

ここまで私は新築の建物に対して否定的なトーンで話を進めてきましたが、それに対して反発を覚えた人もいるでしょう。「新築のどこが悪いのか。虫がわくようなぼろ家より、新しくてきれいな家に住みたいじゃないか」と思った人も多いでしょう。さらには、「古い建物を残そうなんて、年寄りの骨董《こっとう》趣味やノスタルジーではないか。そんなものにつきあわされてはたまらないよ」という感想を抱いた人もいるかもしれません。

この章では、年寄りの骨董趣味やノスタルジーとは違う理由で、都市に古い建物を残す必要があることを示したいと思います。なお文化的価値が認められている古い建物(文化財など)については、ここでは話題にしません。

ジェイコブズの都市計画批判

ここからしばらく、ジェイン・ジェイコブズの都市論を紹介します。アメリカのジャーナリストだったジェイコブズは『アメリカ大都市の死と生』という本を書いて、都市に関心をもつ人々の間で一躍有名になりました。というのも、この本は、当時の都市計画思想に対して容赦のない批判を浴びせたからです。

たとえばジェイコブズはこんなことを書いています。近代都市計画は「十九世紀初期の医学のような、入念に発達した迷信体系の段階にいるのです。当時の医師たちはなんでも瀉血盲信《しゃけつもうしん》で、病気を起こすと信じられていた悪い精気を血を抜くことで体外に流し出すのだと信じていました」。この言い方はすごいですよね。都市計画は迷信に基づいていて、都市計画者は「血を抜けば病気が治る」と信じている医者と同じだ、と言っているのです。こんなことを言われたら怒るのではないかと思いますし、実際当時はそうとう煙たがられました。

ジェイコブズは本を書くだけでなく、都市開発への反対運動に積極的に関わりました。そのようすは、映画『ジェイン・ジェイコブズ：ニューヨーク都市計画革命』に描かれていますので、興味がある人は一度ご覧になるとよいでしょう。

では、当時の都市計画はどこがおかしかったのでしょうか。ここで批判されている近代都市計画思想の代表は、コルビュジエの「輝く都市」の思想と、ハワードの「田園都市」の思想です。これらはまったく種類の違う思想ですが、ジェイコブズからすれば、どちらも外部からの設計思想として批判の対象になります。

具体的に見ていきましょう。コルビュジエは二〇世紀を代表する建築家で、世界文化遺産になった上野の国立西洋美術館を設計した人でもあります。彼の「輝く都市」は、太陽の光がそそぎ、清浄な空気につつまれ、豊かな緑に覆われた都市をつくるという思想です。

一方、ハワードの「田園都市」は、都市と農村との結婚を目指すもので、ごみごみした人工的な都市と、ゆとりのある自然空間を融合させようという思想です。

これらを聞くと、「なんだ、どちらもすばらしい思想ではないか。これらのどこが悪いのか」と思われたかもしれません。

ジェイコブズは彼らの思想に反して、都市には農村とは違う魅力があり、都市に特有の魅力を活かしていかなければならないと考えました。ジェイコブズの考える都市の魅力は「**多様性**」です。いろいろな属性（仕事、性別、年齢、年収など）をもつ人々が楽しく暮らす場所、それがジェイコブズの考える都市の魅力です。

ジェイコブズからすれば、コルビュジエやハワードのように「自分たちが考える理想的な都市をつくる」という発想自体に間違いがあるということになります。むしろ都市の魅力を活かすための原則は、具体的に魅力あふれる都市を観察することによって、そこから引き出されると考えます。

実際にジェイコブズは、いろいろな属性をもつ人々が楽しく暮らしている都市を観察した結果、そこから「**四つの原則**」を引き出しました。それは①混合一次用途、②小さな街区、③古い建物、④密集、というものです。以下ではそれぞれについて説明していきます。

混合一次用途と小さな街区

まず「①混合一次用途」とは、ある地区にさまざまな一次用途（オフィス、工場、住宅、娯楽、教育、余暇の場所）が混在しているほうがよい、という原則です。逆に言えば、ここの地区はオフィスのみ、隣の地区は工場のみ、向かいの地区は住宅のみ、と用途を限定して、それ以外の用途の建物は建ててはいけない、とする都市計画（用途別のゾーニング）は間違いだ、ということになります。ジェイコブズは都市の魅力は多様性にあると考えているので、同じ地区にさまざまな建物があり、それらを利用する多様な人々がいるほうが、魅力的な都市になるのです。

次に「②小さな街区」とは、狭い街路がたくさんあり、人々が頻繁に街路の角を曲がるような都市のほうがよい、ということです。目的地までの経路が交じり合い、人々の偶然の出会いが生まれるような都市の方が魅力的だという考えです。逆に言えば、大規模直線道路（自動車道路、高速道路）を街中につくってはいけない、という話になります。大規模道路は徒歩での移動を妨げ、コミュニティを分断するからです。

古い建物

ここで、この章の本題である「③古い建物」という原則が登場します。「なんだ、ジェイコブズもやっぱりノスタルジーか」と思われたかもしれませんが、それは誤解です。ジェイコブズが古い建物を残すべきだという理由は、さまざまな時代の建物が混在し、特に古い建物が相当数あることによって、異なる経済収益が上げられるから、というものです。

新しいピカピカの建物は、たいてい家賃が高く、お金持ちしか入居できません。街の中が新しいピカピカの建物ばかりになると、まだ資産のない若い人たちはその街に住むことができなくなります。そこに古い建物があれば、まだ資産のない若い人たちが入り込んで店を開く余地が生まれます。つまり、ジェイコブズの意図は、古い建物＝賃料が安い建物があることによって、新築費用や高額の維持費が払えない若い人でも、都市で経済活動ができるようになる、という点にあります。したがって古い建物をノスタルジーのために残したいわけではないのです。

繰り返しますが、ジェイコブズの考える都市の魅力は「多様性」にあります。お金持ちだけが住む街よりも、いろいろな人が住む街のほうが魅力的なのです。そのためには、都市には多様な時代の建物があるほうがよい、とりわけ古い建物はなくなりがちなので意識的に残し、まだ資産のない若者が入居できるようにしたほうがよい、という考えなのです。

密集

最後の「④密集」に関しては、たくさんの人が住んでいるほうが魅力的だ、という原則です。都市に過密状態で住んでいるのを見たときに、現在では感染を心配しますが、二〇世紀の都市計画家たちはそれを「スラム」と認識する傾向がありました。

しかしジェイコブズは、彼らがスラムと呼んでいる地域が活気にあふれ魅力的な地域であることを観察によって知ります。そして魅力的な地域が「スラム取り壊し」や「再開発」の名のもとに失われていくことに腹を立てていました。ジェイコブズによれば、そもそも都市に人が多いことは都市の資産であり、活力の源なのです。「輝く都市」や

「田園都市」は、都市の過密を防ぐことを目的にしている点からも批判されています。

古くて安い建物が若者には必要だ

いかがでしょうか。ジェイコブズが古い建物を残すことを主張したのは、年寄りのためどころか、若い人たちのためだったのです。実際に日本でも、活力を失っていた商店街に若い人が出店したことによって、客足が戻ってきたという話をよく聞きます。考えてみれば当たり前のことですが、一軒でも行きたい店があれば商店街に足を運びますよね。ついでに他の店に寄ることもあるでしょう。それならば商店街の活性化の鍵は、若い人が入り込んで新しい魅力的な店を開くことにあると考えます。みなさんの中にも、カフェなどの小さなお店を開きたいと思っている人がいるのではないでしょうか。その実現を阻んでいるものの一つが、高額な賃料です。しかし、古くて安い賃料の建物があれば、そこに若い人が入り込む余地が生まれるのです。

古い建物は新しく作れない

この章の始めに、学生のアメニティマップのなかでは、「古くてぼろい建物」がディスアメニティとして評価されることが多いことを紹介しました。その一方で、廃墟《はいきょ》や廃屋に魅力を感じる学生は、古くてぼろい建物をアメニティと評価します。このように、何をアメニティとするかは人それぞれなので、一概に古い建物が嫌われているわけではありません。

また、街中にある古くて感じのいい建物を紹介した学生に対して、「自分の街には古い建物がない。自分の街にも古い建物がほしい」とコメントした人がいました。このニーズにどうすれば応えられるでしょうか。これが「自分の街にもスーパーやコンビニがほしい」なら、対応は簡単です。新たにつくればよいのです。しかし、「古い建物がほしい」というニーズは、新しく建物を建てても満たされません。古い建物を新しくつくることには矛盾があります。せいぜいどこか他の地域から古い物件を移築することくらいしかできません。しかしそれでも、その地域にとっては、新しくやって来た建物にすぎません。

「自分の街にも古い建物がほしい」というニーズは少なからずあることでしょう。しかしそれは後からは応えられないのです。だからこそ、古い建物を全部なくしてしまうようなことは控えたほうがいいのです。

建て替えよりも中古物件の流通を

ここまで、なぜ古い建物を残さなくてはならないのか、という問いに対して、①賃料の安い物件を残さないと若い人たちが入り込めず、都市の多様性が損なわれる、②古い建物がなくなったあとに古い建物が欲しいと言っても、そのニーズはかなえられない、という二つの理由を挙げてきました。最後にもう一つ、③古い建物を壊さずに利用し続けることはゴミを大幅に減らすことになる、という理由を追加しておきます。

第2章で、「住宅を一度でも解体したことがある人は、一生分のゴミを一度に出したことになる」という話を紹介しました。そこで、建て替えは大量のゴミを生み出すので、できるだけ長持ちする家を作ってそこに住むべきだ、と述べました。ここで話題にしている「古い建物」も、取り壊せば大量のゴミになります。逆に言えば、古い建物に住み続けることは、それ自体がエコな暮らしになるということです。

もちろん、住んでいる間に汚れたり壊れたりすることもあるでしょう。そのときには修理・修繕をすればよいのです。ここで問題になるのが、修理・修繕の費用です。どんな商品でもそうですが、修理するより買い替えたほうが安く済む、という状況は改める必要があります。住宅も、リフォームよりも建て替えたほうが安く済むとしたら、多くの人が建て替えを選んでしまいますよね。政府が地球にやさしい政策を推進したいのであれば、リフォームへの補助金を充実させることが望ましい政策だと思います。それによって、住宅メーカーもリフォーム事業にいっそう力を入れるようになるでしょう。

それに加えて、人々が新築ではなく中古物件に住む習慣をつくるよう、中古市場を活性化させるべきです。人々が「とにかく新築がよい」という価値観から「中古がいい」という価値観に転換するには、中古物件に難なく住めるしくみをつくることが必要になります。

中古物件でお店を開く

ただし、このような説明だけだと、中古物件に住むのは環境のために仕方なくすること、といった後ろ向きの意識をもってしまうかもしれません。そこで最後に、中古物件に目を向けることで新しい価値が生まれるという、前向きな話で締めくくりたいと思います。

数年前に、広島県にある「鞆《とも》の浦《うら》」という古代からの名所に足を運びました。ここは宮崎駿《みやざきはやお》監督が『崖の上のポニョ』の構想を練った場所としても知られています。ここに橋梁《きょうりょう》建設問題が持ち上がり、現地を見たくなって訪れたのですが、狭い路地にたくさんの家と店が混在していて、ジェイコブズが喜びそうな町並みだと思いました。

あちこち歩きまわって、一軒の店に目が留まりました。外観は昔ながらの医院でしたが、中を覗《のぞ》くとバーでした。そのギャップがむしろ魅力的に映りました。医院だった建物を残してうまく活用した例だと思います。取り壊していかにもバーらしい建物を建てていたら、おそらく気に留めなかったでしょう。

古本屋「ムーンライト・ブックストア」の店内
写真提供：長嶋健太郎

観光地に行かなくても、そういった例はけっこう身近にもあるものです。ここで私が学生時代に近所で見つけた千葉市の古本屋さん「ムーンライト・ブックストア」を紹介します。この店の建物は、もともとはスナックでしたが、スナックのカウンターなどをそのままにして、現在は古本屋の店舗として使われています。せっかくカウンターがあるので、そこを利用して店主がコーヒーを淹《い》れてくれます。そこで店主や他のお客さんと談笑することができます。この店ではときどき「哲学カフェ」などが開かれ、お客さんたちの交流の場にもなるのですが、それには「もとはスナックだった」というこの店の内部構造が一役買っているように思います。

これらは既存の建物を活かしながら、そのなかで新しい価値を創造した例だといえるでしょう。外観を変えるとなるとお金がかかりますが、既存の建物を活かしてお店を開くならば、安く済むかもしれません。むしろその方が魅力的なお店になるように思います。

先にふれたように、若い人が商店街に新しい店を開いただけで、新しいお客さんが来るようになって商店街に活気が出たという例がいくつもあります。よく「賑《にぎ》わいのあるまちづくり」ということが言われますが、「賑わい」とは上から設計できるものではないと思います。むしろ個人が楽しくお店を開いていたら勝手に賑わいが生まれたというほうが多いのではないでしょうか。「賑わいのあるまち」はフォーマルに設計されるものではなく、インフォーマルな活動から生じるように思われます。

古い建物を利用してお店を開くことは、古い建物を残すことができるだけでなく、新しい価値を生み出し、そのことによって地域の活性化にもつながり、大量のゴミを出さないことによって地球環境にも貢献できるのです。これは実にやりがいのある活動ではないでしょうか。

コラム7　**景観を変えないまちづくり**

二〇〇〇年代の始めごろから、観光立国というスローガンとともに「景観」にも注目が集まるようになりました。

それ以前から、歴史的景観については条例によって守る動きがありました。一九六八年に始まった妻籠宿《つまごじゅく》の町並保存運動は、条例を制定して中山道の宿場の町並みを残すことで、妻籠を感じのよい観光地にしました。このような「歴史的景観を残そう」という運動には、文化財を後世に伝える熱意と似たものを感じます。訪れる人はそこに歴史や文化を感じ、身近な日常景観とは異なる文化的・歴史的な景観を目にすることになります。

これに対して、次に挙げる真鶴《まなづる》町の条例は少し変わっています。真鶴町では、一九九三年に「真鶴町まちづくり条例」を制定しましたが、これは「**美の条例**」として広く知られています。なぜ「美の条例」と呼ばれるかというと、この条例の中に、

「美の基準」という項目があるからです。この基準（八つの原則、六九のキーワード）に基づいて行政が建築を誘導しているのです。

先ほど「少し変わっている」と書いたのには二つの理由があります。一つは、法律や条例に「美」というやや曖昧に思える文言は使わないのが通例だからです。「美の基準」はその通例を破っているのです。

もう一つは、「美の条例」という名前につられて真鶴町に行ってみても、期待するほどの「美」には出会わないということです。また、日常から離れた歴史的景観ではなく、ありふれた日常景観を目にすることになります。これは悪口を言っているわけではありません。真鶴町の三木邦之《くにゆき》町長（当時）も、インタビューの中でこんなことを語っています。

「外から眺めると、真鶴は先進的なまちづくり条例を持っている町だ。そのような条例を持っているので、先進的なまちづくりができるんじゃないかと思われるんですが、来てみればそんなに変わってないよということですね。**そんなに変えないと**

いうことを条例にしたのがこのまちづくり条例ですからね。真鶴町が千年にもわたって続けてきたまちづくりの作法を新しくここで開発を起こす人にも守ってもらおうというのが本旨ですからね」。

私はこのインタビューを読んで深く納得しました。ここで町長が語っているように、「そんなに変えない」のが美の条例のポイントであり、そして私は時間をおいて三回真鶴町を訪れたのですが、毎回印象が変わりませんでした。このことは非常に重要です。建て替えや店舗の入れ替わりが激しく、訪れるたびに印象の変わる町が多い中、何度訪れても印象が変わらない町は、それだけで価値があると思うからです。

第8章　環境を守るために何ができるのか

環境保全を仕事にする

　これまでの章では、環境倫理についてのさまざまな議論を紹介してきました。そのなかで強調したのは、個々人の日々の努力だけによって地球環境問題が解決する保証はない、ということです。地球環境問題を解決するには、**社会的アクション**を起こし、法律・政治・経済のしくみを改革することが必要になります。他方、身近な環境に注目することで、個々人が目に見える形で環境を守ったり改善したりできることにもふれました。そこで最後に、もっと具体的に、環境を守るために何ができるのかを考えていくことにしましょう。

　みなさんがまず思い浮かぶのは「環境を守る仕事に就く」ことかもしれません。それでは、環境を守るための仕事には、どんなものがあるでしょうか。

たとえば、第一次産業（農業、林業、漁業）に従事して、地域の環境管理の一役を担うことが考えられます。私もときどき、地方の棚田で有機農業を始めた人の話を聞きます。第5章で説明しましたが、自然破壊には開発や乱獲によるもののほかに、人が手入れをやめたことによる生態系の荒廃が大きな問題としてあるのです。したがって、棚田をきちんと管理することは多様な生物のすみ場所を確保することにつながりますし、またそこから収穫されるコメや、近所で採れる山菜を食べたり売ったりして暮らすことは、それ自体が環境負荷の低い暮らしといえます。第6章で、都市に暮らすことが環境負荷を低くすると言いましたが、農村で自給自足の暮らしをすることも、地球の持続可能性に貢献するでしょう（ただし大量消費型のライフスタイルを維持したままで「田舎暮らし」をするのは地球にやさしくないでしょう）。

あるいは、自治体職員として地域の環境保全に取り組むとか、環境省に入って環境政策をつくるという道もあります。環境保全を実現すべく、政治家を目指すのもよいでしょうし、国際会議をリードして地球環境保全に必要な条約をつくるなどは最もやりがいのある仕事でしょう。あるいは研究者になって、環境保全のための研究を行うのもよいかもしれません。

このように、環境保全に直接かかわる仕事はたくさんあります。加えて近年では、一般の民間企業でも、環境保全に関わることが求められています。第1章でふれたように、近年ではSDGs（持続可能な開発目標）という指標が使われています。そこでは二〇三〇年までに達成すべき目標として、「貧困をなくそう」、「飢餓をゼロに」、「海の豊かさを守ろう」、「陸の豊かさも守ろう」といった一七の項目（および一九六の詳細なターゲット）が掲げられています。企業はこれらのどれかに取り組むことによって、社会貢献を行おうとしています。ですから、今やどんな仕事に就いても、環境保全に関わる機会があるといえるでしょう（ただし第3章で紹介した「グリーンウォッシング」に陥る可能性も高いのですが）。

NGO・NPOとは何か

このようにさまざまな会社でも環境にかかわる仕事ができるのですが、一昔前まではあまり就職先として注目されていなかったところが昨今注目を集めています。それが

「ＮＧＯ・ＮＰＯ」という職場です。

ＮＧＯ・ＮＰＯとは何でしょうか。まずＮＧＯはNon-Governmental Organization の英語の頭文字をとったもので、「非政府組織」とか「非政府団体」と訳されます。つまり、政府ではない組織・団体という意味です。次にＮＰＯというのは、Non-Profit Organization の英語の頭文字をとったもので、こちらは「非営利組織」や「非営利団体」と訳されます。これは民間企業ではない組織・団体という意味です。

では、言葉の意味は分かったとして、ＮＧＯ・ＮＰＯは、いったい何をしている団体なのでしょうか。一番近いイメージは「ボランティア団体」です。つまり、利益追求ではなく社会貢献のために仕事をする民間団体が、ＮＧＯ・ＮＰＯだといえます。

職場である以上、その職員には給料が出ます。ボランティアや社会貢献というと「無給」で働く人々をイメージしてしまうかもしれませんね。しかしそれでは安定した生活が望めず、仕事としては成立しないので、ＮＧＯ・ＮＰＯの職員は、それで食べていけるように給料をもらいます（以下、ＮＧＯ・ＮＰＯというのは煩わしいのでＮＰＯで代表させます）。

それでは民間企業と同じではないか、と思われたかもしれません。民間企業とNPOとでは、先ほどの説明のように、利益追求か社会貢献かという中身の違いもありますが、それ以外に、給料の出どころ、という点に大きな違いがあります。

この点が、「公務員」、「会社員・自営業」、「NPO職員」を見分ける決め手といえます。公務員は国や市町村に所属しており、給料の出どころは「税金」です。会社員・自営業の方は会社やお店の「売上」から給料が出ています。それに対して「NPO職員」はどこから給料をもらっているのか。それは、NPOの仕事を応援する人々の「**会費・寄付金**」からなのです。つまり、NPOというのは主に会員や寄付者のお金によって仕事をしている団体なのです。

環境NPOにかかわる

では、NPOは具体的にどんな仕事をしているのでしょうか。日本では、特定非営利活動促進法（**NPO法**）で、NPOの活動分野が次のように定められています。

①保健・医療・福祉、②社会教育、③まちづくり、④観光、⑤農山漁村、⑥学術・文化・芸術・スポーツ、⑦環境保全、⑧災害救援、⑨地域安全、⑩人権と平和、⑪国際協力、⑫男女共同参画、⑬子供の健全育成、⑭情報化社会、⑮科学技術、⑯経済活動活性化、⑰職業能力の開発、⑱消費者保護

なかでも医療福祉の仕事をするNPOや、広く教育に携わるNPOが多いといわれていますが、環境に携わるNPOもたくさんあります。

たとえば自然保護に関しては各地にNPOがあり、それぞれが地元の自然保護や自然の管理を行っています。また全国レベルの大きなNPOもあります。「日本野鳥の会」という名前を聞いたことがありませんか。会員数が数万人規模の環境NPOで、名前の通り主に野鳥の保護を行っています。同じくらいの規模のNPOとして、パンダのマークの「WWFジャパン」と、第4章で紹介した「日本自然保護協会」とがあります。このような大きな団体になると、全国の自然の調査をしたり、政治家や環境省と話し合いをしたり、グローバルな環境問題に取り組んだりします。

ここで「グローバルな環境問題に直接かかわれるのは、政治家や官僚、科学者など一部の人に限られるのではないか」と思った人もいるでしょう。しかし、大規模な活動をしているNPOは、国際会議に出席できるほどの力をもっています。政治家、官僚、科学者にならなくても、NPOを通してグローバルな環境問題に直接取り組むことができます。

NPOとのかかわり方は多様です。環境保全を一生の仕事にしたい人は、NPOの職員を目指すという手もあるでしょう。そこまではできないという人は、会員になって応援することができます。あるいは、興味のある問題の解決を助けるために寄付をするというかかわり方もあります。事務所を訪問して仕事を見学したり質問したりするのもよいでしょう。

日本のナショナル・トラスト

これまでは環境にかかわる仕事という観点から環境を守るための取り組みについて説明しましたが、先ほどのNPOとのかかわり方にもあるように、仕事にしなくても環境保全にかかわる方法はいろいろとあります。

ＮＰＯに関する説明のところで、「寄付」という言葉が繰り返し出てきました。これをみて「何だ、結局はお金かよ」と思った人もいるかもしれません。しかし、お金が力を発揮することも現実にはかなり多いのです。

そのよい例が「**ナショナル・トラスト**」というしくみです。これは一八九五年にイギリスで始まった環境保全のしくみです。日本には一九六〇年代に紹介され、その後広まっていきました。

日本におけるナショナル・トラストとは「開発されそうな土地、破壊されそうな建物を、先に買い取ることによって守るしくみ」です。土地を開発するためには、開発業者がその土地を買い取る必要があります。買い取ったら自分の持ち物になりますから、そこにある森林を切り拓いて家をたくさん建ててもかまわないことになります。それが自由市場、自由取引のしくみだからです。

そのしくみに従いながら、土地の自然を守るためには、開発業者よりも先にその土地を買う、というのは有効な手段です。しかし広大な土地を買えるほどの大金を持ってい

第４章に登場したアマミノクロウサギの生息地もナショナル・トラストにより保護されている
写真提供：公益社団法人日本ナショナル・トラスト協会

る人はあまりいませんから、寄付を募ることになります。自然保護や建物の保存に賛同した人たちから寄付をもらい、そのお金で土地を先に買うのです。

　私は高校二年生のときに、工藤直子の『あっ、トトロの森だ！』という本を読んで、このナショナル・トラストのしくみを知りました。帯に宮崎駿《みやざきはやお》監督のコメントが書いてあったのを覚えています。この本には、東京都と埼玉県にまたがる狭山丘陵を、ナショナル・トラスト方式で買い取ることによって保全した過程が記されています。狭山丘陵の森が、映画『となりのトトロ』の舞台の一つだと言われていることから、トトロの森として保全されることになりました。買い取りののちに保全活動を行っているのは「トトロのふるさと基金」というＮＰＯです。こういった形でもＮＰＯが必要とされることがあるのです。

日本でナショナル・トラストのしくみを用いて保全活動を行っている例として、神奈川県鎌倉市の鶴岡八幡宮《つるがおかはちまんぐう》の背後にある御谷《おやつ》の森の保全、北海道斜里《しゃり》町の知床《しれとこ》の保全、和歌山県田辺市の天神崎の保全などが有名です。活動の詳細はそれぞれのホームページで確認できます。

イギリスのナショナル・トラスト

このように、日本にはナショナル・トラストを行っている団体がたくさんありますが、本家イギリスにはナショナル・トラスト団体は一つしかありません。一八九五年にイギリスに設立された一つの団体が、寄贈や買い取りなどによって、今ではイギリス各地に広大な土地を保有しています。その面積は二五万ヘクタールに及びます。これは東京都を上回る面積です。

ナショナル・トラストは英語ではNational Trustと書きます。Nationalは「国民の」、Trustは「信託」と訳せます。つまり、ナショナル・トラストとは、すばらしい自然や建物は「国民の」財産であって、その保全を団体に「託す」ことを指すのです。実際に、イギリスでは土地を買い取るというよりも、自分の土地を団体に預けて管理してもらう、という例が多いようです。

一九世紀末のイギリスでは、**相続税**を払うために土地や建物を売却せざるをえなくなる、ということが問題視されていました。それを回避するためにナショナル・トラストに土地や建物を託すというしくみができたともいえます（今の日本でも相続税によって土地や建物が失われています）。一九三一年には、ナショナル・トラストに寄贈した資産については、相続税が免除されるようになりました。こうした税法上の後押しもあって、ナショナル・トラストに多くの土地と建物が集まったのです。

景勝地として知られる「**湖水地方**」の土地約一六平方キロメートルをナショナル・トラストに遺贈したのは、童話『ピーター・ラビット』の作者ビアトリクス・ポターです。「グリーンウェイ」という名の邸宅は、推理作家アガサ・クリスティの別荘でしたが、現在はナショナル・トラストが管理・公開しています。「レイコック村」に至っては、村全体がナショナル・トラストの保護地になっています。この地にある「レイコック・アビー（修道院）」は、映画『ハリー・ポッターと賢者の石』のロケ地として使われました。

ナショナル・トラストの活動にはお金がかかります。買い取りだけでなくその後の維持管理も行うからです。このしくみにおいては、寄付が絶大な力を発揮していることがわかるでしょう。そのため、「寄付をすること」は、市民ができる効果的な環境保全の一つだといえます。買い取った自然や建物を、そのまま残せるわけですから。

政治や社会に関心をもち、意見を言う

それでもお金があまりなくて、寄付はきびしいという場合には、無料でできる環境運動として「投票」を勧めます。地域や国の環境のありようは、政治によって大きく左右されます。選挙の際には、候補者の環境保全についての具体的な政策を見て、誰に投票するかを決めるのも、環境運動の一つのありかたです。

投票は政治家を選ぶだけではありません。近年では地域の環境改変の是非を「住民投票」によって決めるという試みもあります。これは自分の意見をストレートに反映させることができるしくみです。

特に有名なのが、二〇〇〇年に徳島市で行われた住民投票です。吉野川第十堰《だいじゅうぜき》の可動堰化事業の是非が問われ、可動堰化への反対票が多かったため、事業が中止になりました。これは日本の政治史上、画期的な出来事でした。

他方、二〇一三年に東京都小平市で行われた住民投票は、都市計画道路建設の見直しを問うものでしたが、投票率が五〇パーセントに届かなかったことを理由に、投票自体が不成立と見なされました。投票率によって成立・不成立が決まることについて多くの批判が寄せられましたが、結局、賛成・反対の票数を確認することもなく、投票用紙は焼却されてしまいました。

また、普段から国や市町村の環境に関する施策をチェックして、問題を感じたら意見を言うことが重要です。問題によってはホームページなどで「パブリックコメント」を募集していることもあるので、その場合には、積極的に自分の考えを表明するとよいでしょう。近年では「市民参加」がさかんに叫ばれていますので、行政も市民の意見をないがしろにはしないはずです。

場所に関心をもち、発信する

この章では、私たちが環境を守ろうとしたときにいったい何ができるのか、を考えてきました。政治家や官僚、研究者になる。ＮＰＯに参加する。寄付をする。投票に行く。パブリックコメントを出す。これらによって環境問題を解決する方向に社会のしくみを変えることを目指す、というのが一つの答えです。

他方、社会のしくみはそう簡単には変わらないのも事実です。変化には長い時間が必要です。比較的短期間に、よりストレートに環境を守ることはできないのでしょうか。

この本の後半部分では、身近な「場所」に注目してきました。それは、環境倫理について身近なところから考えていきたかったからです。加えて、身近な場所を守ることは、比較的やりやすいように思います。場所の改変や消失は、その場所が人々の関心を集めていないときに起こります。注目されていない場所は、どのようにも変えられてしまいます。注目されている場所は、改変が行われそうになったときに反対運動が起こります。そのことによって改変を止めることができるのです。したがって環境保全の第一歩は、身近な場所に注目することです。第6章で紹介したアメニティマップづくりは、身近な土地や風景に関心をもつきっかけとしても使えるツールです。

第5章の冒頭で、欅《けやき》の木の伐採に対して抗議した生徒の話を紹介しました。残念ながらその訴えは届きませんでしたが、こうした訴えこそが環境倫理の実践だといえます。今なら「この風景がずっと残るといいね」、「この土地がなくなるのは嫌だ」ということをSNSで発信することができます。そしてそれらが壊されそうになったら、「この風景を残すべきだ」、「この土地を壊してはならない」という発信をしてみましょう。これは予想以上に効果があると思います。

未来市長になる

近年では、若い世代の意見を地域政策に反映させようという試みが広がっています。ここでは、NPO法人地域持続研究所（代表：倉阪秀史《くらさかひでふみ》）が行っている「未来ワークショップ」を紹介します。これは、二〇五〇年のまちづくりを、その頃に社会の中核となる中高生たちに議論してもらうという試みです。二〇五〇年のまちの状況予測データ（未来シミュレータ）をふまえて、自分たちの地域の課題を考え、「未来市長」としての提言をまとめます。

これまで、千葉県市原市を皮切りに、千葉県各地、山梨県甲府市、福井県勝山市、奈良県奈良市、福岡県田川市、鹿児島県西之表《にしのおもて》市など、未来ワークショップは日本全国で行われてきました。

未来ワークショップにはインプット段階とアウトプット段階があります。一日目または午前中に、インプットとして未来シミュレータの結果が説明され、自治体から中高生に情報が提供されます。それをふまえて、二日目または午後に、中高生がいくつかのグループに分かれてアウトプットを行います。各自が未来市長となり付箋に地域の課題を書き出し、それをもとに今の市長に提言を行います。千葉県市原市で実施されたときには、未来市長としての中高生の提言が、市の総合計画策定に反映されたそうです。

これは現在のまちづくりについて意見を述べるための練習にもなるでしょう。そして自分たちの意見が市の計画に反映されるとなれば、やる気が出るというものです。

この本では、過去のさまざまな環境倫理の議論を紹介してきました。それらをすべて暗記する必要はありません。むしろ、紹介した議論を自分なりに消化して、環境を守るための活動へとつなげていただければと思います。環境倫理の実践は、「一人一人の心がけ」ではなく、「社会的アクション」を起こすことです。そして「社会的アクション」は身近なところから始められるのです。

コラム8　南方熊楠の神社合併反対運動

南方熊楠《みなかたくまぐす》という人をご存じでしょうか。田中正造や宮沢賢治とともに、日本の代表的なエコロジストとして知られている人物です。この場合のエコロジストというのは、広い意味での環境保護の思想家・運動家を指しますが、南方は生態学という意味での「**エコロジー**」という言葉を日本で初めて使った人だとも言われています。

南方は、今でいう文系・理系の枠にとどまらない、幅広い分野で活躍した学者です。柳田《やなぎた》国男と並び称される民俗学者であり、また**粘菌**という生きものについては世界的な研究者でした。彼は人生の前半を海外で過ごした後、地元の和歌山県田辺市に戻って死ぬまでそこで暮らしました。その間、南方は生活を犠牲にしてある運動に取り組みました。それは、明治政府が行った神社合併政策による神社・神林の破壊に対する反対運動です。

神社合併政策は、明治政府の中央集権化・国民教化政策の一環として実施されました。この政策によって全国で約八万の村社が消滅し、南方の地元である和歌山県と三重県では特に多くの村社がなくなったといわれています。消滅した神社の跡地は民間に払い下げられ、鎮守の森は伐採されて農地になっていきました。

南方はこのことに憤慨し、神社合併に対する反対運動を始めました。地域における神社空間や神林の意義を論文にまとめて新聞に投稿したり、議員にはたらきかけたりして、たいへんな努力の末に、神社合併を中止させることに成功しました。

南方は論文のなかで神社合併が地域にもたらす不利益をたくさん挙げていますが、南方にとっての大きな問題は、研究対象である粘菌のすみかがなくなることだったといえるでしょう。このように言うと、南方の運動は「個人的」な動機に基づいたもののように思えてきます。

南方の研究者である原田健一によれば、南方が運動に献身的に取り組むことができたのは、当時の粘菌学の権威であるリスター親子との往復書簡のなかで、神社合併の問題が一地域の問題でありながら世界的な問題でもあることを南方が確信したからだ、とのことです。つまり、自分の運動が単に「個人的」なものではなく、海外の人々にも共感される「公共的」なものでもあると考えたからこそ、運動に献身的に取り組めたのです。

自分が大切だと考えていることは、単なる「個人的」な関心事ではなく、多くの人が感じている「公共的」な事柄かもしれません。そのことを確認するためには、他の人に自分の関心事を話してみることが必要です。思いのほか共感が得られるかもしれません。その場合には自分の意見に対する確信が強まります。逆に、強い反対意見が返ってくることもあるでしょう。その場合には、自分の意見を再検討する機会となります。

いずれにせよ、自分の意見を自分のなかでとどめていたら、それは「個人的」な意見ですが、他者に話すことによって、「公共的」なものになる可能性が開かれるのです。

おわりに

最後まで読んでいただき、ありがとうございます。この本を読んだみなさんは「環境倫理」のイメージが変わったのではないかと思います。そして、環境倫理学者がこれまでどんな議論をしてきたのかについて、かなり詳しくなっているはずです。

環境倫理は、高校の倫理の教科書に載っている割には、まだまだ知られていない分野です。大学生でも、世代間倫理とか自然の権利なんて初めて聞いた、という人が大多数です。

二〇二一年に至っても、環境倫理は「(電気の無駄になるので)夜は早く寝たほうがよいということだね」とか「(資源エネルギーの制限だなんて)原始時代に帰れということか?」と揶揄《やゆ》され続けています。それらは事実に反しています。電気使用を抑えるべきは真夏の昼間であって、夜は電気は余っているのです。だから節電してもあまり効果はありません。また、たとえ現代人が資源エネルギー使用量を半分にしても、原始時代の生活にまで戻ることはありません。せいぜい二〇世紀の中ごろぐらいの生活に戻るだけです。そういった反発は、動物倫理に対して「(動物を殺すな、なんて)生類《しょうるい》憐《あわれ》みの令か!」と怒るようなものです。そしてそうやって怒る人は生類憐みの令の詳細についてロクに知らないことが多いのです。

この本で何を論じてきたのかを振り返ってみましょう。第2章では、世代間の公平性という観点から、現在世代には将来世代に責任がある、という話をしました。第3章では、分配の公平性という話から始めて、環境に対する責任が消費者に過剰に分配されていることを問題視しました。第4章では、種の絶滅を防がなくてはならないのは、絶滅のスピードがかつてなく速く、またその原因が人間活動にあるからだ、という話をしました。加えて動物倫理と環境倫理の関係にもふれました。第5章では、自然保護に「保存」と「保全」という二種類のやり方があることを説明し、保全に近いものとして「自然再生」を位置づけ、自然再生のなかに良いものと悪いものがあることを指摘しました。第6章では、都市に住むことによって地球環境の保全に貢献することができると論じました。また、身近な環境を見つめなおすツールとして、アメニティマップづくりを紹介しました。第7章では、古い建物を残す理由を、年寄りのノスタルジーではなく、むしろ若い人たちの参入機会やニーズという観点から説明しました。第8章では、社会的アクションを起こすための具体的な方法として、NPOの活動に参加することや、身近な場所に注目してSNSで意見を発信することなどを紹介しました。

このように、この本の話題は多岐にわたるものでしたが、そのなかで個人に「早く寝ろ」とお説教をすることや、大雑把に「原始に帰れ」と叫ぶことはありませんでした。それは、環境倫理が社会倫理であり、個別具体的な環境問題を解決するための社会的なしくみをつくることに目を向けているからです。そして私たちは社会的なしくみづくりに積極的に関わることが必要です。「環境」は各自の身のまわりですから、誰しもが自分の環境をもっており、環境問題に関係のない人はいない、ということになります。そのような個々の環境問題について自分は何ができるのかを考えてもらいたいと思います。

この本には、私がこれまで授業などで話してきた内容を盛り込みました。そしてその内容は、私が大学生・大学院生のときに教わったことや、友人たちとの会話、読んだ本、旅先で見聞きしたことなどによって育《はぐく》まれました。お世話になった先生方や友人たちは数が多すぎて書ききれません。とりわけ自然関係については道家哲平さんと佐久間淳子《じゅんこ》さん、まちづくりと市民参加については齋藤伊久太郎《さいとういくたろう》さんと宮﨑文彦《みやざきふみひこ》さんに多くを教わりました。

第3章で取り上げた『グリーン・ライ』を観るきっかけとなったのは、法政大学人間環境学部の「人間環境学特別セミナー：とにかく考えてみよう（トニカン）」でした。参加された教員と学生のみなさま、とりわけ企画にあたった竹本研史《けんじ》先生に感謝します。

ムーンライト・ブックストアの長嶋健太郎さんと、公益社団法人日本ナショナル・トラスト協会の中安直子さんからは、素敵な写真をご提供いただきました。ありがとうございました。

最後になりますが、筑摩書房編集部の橋本陽介さんには、この本のすべての文章について入念なチェックをいただきました。心より感謝申し上げます。高校生のときに「ちくま文庫」に親しみ、大学生のときには「ちくま新書」や「ちくま学芸文庫」を読んで勉強してきた私にとって、筑摩書房から本が出せるのは無上の喜びです。

二〇二一年一一月六日

吉永明弘

参考文献と読書案内

この本を書くために参考にした本・論文の一覧です。特におすすめの本（十冊）は太字にしました。このなかから一冊でも手に取って読んでいただければ幸いです。

第1章

加藤尚武『環境倫理学のすすめ【増補新版】』丸善出版、二〇二〇年
一九九一年に出版された本の改装版。現在でも環境倫理学の基本書。
加藤尚武『加藤尚武著作集　第9巻　生命倫理学』未來社、二〇一八年
生命倫理学と環境倫理学の基本的な考え方が簡潔に示されている。
加藤尚武編『新版　環境と倫理——自然と人間の共生を求めて』有斐閣アルマ、二〇〇五年
加藤が提示した三つの基本主張をベースにした論文集。環境倫理学の定番の教科書。
米本昌平『地球環境問題とは何か』岩波新書、一九九四年
一九九〇年前後に地球環境問題が登場した背景を知ることができる。
槌田敦『環境保護運動はどこが間違っているのか？』宝島社新書、二〇〇七年

環境論に疑問をもったら読んでみると大きな刺激が得られる。

西條辰義編著『フューチャー・デザイン――七世代先を見据えた社会』勁草書房、二〇一五年

世代間倫理を社会に実装化するためのアイデアが詰まっており、一読に値する。

ハーマン・デイリー、枝廣淳子『「定常経済」は可能だ!』岩波ブックレット、二〇一四年

環境問題の基本を知るために読むべき本。インタビュー形式で読みやすい。

第2章

加藤尚武『環境倫理学のすすめ【増補新版】』丸善出版、二〇二〇年

第3章、第9章、第10章で世代間倫理、第8章でゴミ問題が取り上げられている。

石渡正佳『スクラップエコノミー』日経BP社、二〇〇五年

題名からは想像しづらいが、これは都市問題を扱った本である。近年の都市政策は都市のスクラップ化(ゴミ化)を促進しているように見える。そうではなくて、都市にストックを残すような政策を打ち出すべきだと著者は主張する。

笹澤豊『環境問題を哲学する』藤原書店、二〇〇三年

私はこの本を読んで、「現在の私たちは過去の世代からの危害を受けている、つまりすでに私たちは世代間の不公平にさらされている」ということに気づかされた。

第3章

加藤尚武『環境倫理学のすすめ【増補新版】』丸善出版、二〇二〇年

第4章から第6章までが地球全体主義に関連する。

小西雅子『地球温暖化は解決できるのか――パリ協定から未来へ！』岩波ジュニア新書、二〇一六年

地球温暖化問題について知っておくべきことが網羅されている。特に、京都議定書からパリ協定までの流れが明快に解説されており、参考になる。

宇佐美誠『気候崩壊――次世代とともに考える』岩波ブックレット、二〇二一年

地球温暖化と気候正義についての中学生・高校生向け講義の記録。中学生・高校生の率直な疑問に講師がどう答えたか、各自で読んで確認してほしい。

平川秀幸『科学は誰のものか――社会の側から問い直す』NHK出版生活人新書、二〇一〇年

科学技術社会論（STS）の入門書。STSでは環境問題も扱われている。

戸田清『環境的公正を求めて――環境破壊の構造とエリート主義』新曜社、一九九四年

古い本だが、「環境正義」とは何か、なぜ重要かを知るには最適な本。

見田宗介『現代社会の理論――情報化・消費化社会の現在と未来』岩波新書、一九九六年

これも古い本だが、現代社会の生産と消費をめぐる構造が明快に説明されている。

第4章

石弘之『環境再興史——よみがえる日本の自然』角川新書、二〇一九年
環境が改善された事例を紹介した本。その中で、日本のトキの保護増殖と野生復帰について簡潔に説明されている。
柳父章『翻訳語成立事情』岩波新書、一九八二年
第7章で、日本語の「自然」が、nature の翻訳語となったことで新しい意味が加わったと論じている。
岸由二『「流域地図」の作り方——川から地球を考える』ちくまプリマー新書、二〇一三年
自然の地形に沿った地域（流域）で生きものの賑わいとともに生きることを提唱。
岸由二「自然との共存のテーマ化について」『公共研究』3巻2号、千葉大学、二〇〇六年
biodiversity という言葉の強みが説明されている興味深い論考。ウェブで入手できる。
https://opac.ll.chiba-u.jp/da/curator/900023234/kishi.pdf
吉永明弘「生物多様性——種の存続、生息地の維持、遺伝資源の確保」吉永明弘・寺本剛編『環境倫理学』昭和堂、二〇二〇年
生物多様性と生物多様性条約についてコンパクトに解説している。
佐久間淳子「自然の権利——生き物が人間を訴えた裁判が目指すもの」吉永明弘・寺本剛編『環境倫理学』昭和堂、二〇二〇年

アマミノクロウサギ訴訟を中心に、日本の自然の権利訴訟を平易に解説している。
生田武志『いのちへの礼儀――国家・資本・家族の変容と動物たち』筑摩書房、二〇一九年
動物倫理学の基本的な主張を平易に解説している。本書の動物倫理についての記述に不満を感じた人はこの本を読んでほしい。

第5章

鬼頭秀一『自然保護を問いなおす――環境倫理とネットワーク』ちくま新書、一九九六年
日本の環境倫理学に新しい流れをつくった本。アメリカの環境倫理学の明快なまとめと、その背景にある自然観の偏りに対する批判、生身の自然観を重視するローカルな環境倫理の提唱と、白神山地のフィールド研究がこの一冊につまっている。
鬼頭秀一・福永真弓編『環境倫理学』東京大学出版会、二〇〇九年
鬼頭の「自然と人間の二分法から脱却してローカルな環境倫理を打ち立てる」という構想を共有した研究者たちによる論文集。社会学者・文化人類学者・生態学者のフィールドワークに基づく知見が反映されている。
岡島成行『アメリカの環境保護運動』岩波新書、一九九〇年
古い本だが、アメリカの自然保護運動の歴史がよく分かる。「環境保護運動」というタイトルで自然保護運動だけが取り上げられているところに注目してほしい。

石川徹也『日本の自然保護――尾瀬から白保、そして21世紀へ』平凡社新書、二〇〇一年
こちらは日本の自然保護の歴史を綴った本。戦後の尾瀬保存期成同盟から始まり、二〇世紀末までの各地の事例が分かりやすく紹介されている。
エマ・マリス『「自然」という幻想――多自然ガーデニングによる新しい自然保護』岸由二・小宮繁訳、草思社文庫、二〇二一年
海外の自然保護の最新動向を伝える本。原生自然主義が過去のものになりつつあることが分かる。
丸山徳次「自然再生の哲学〔序説〕」『里山から見える世界　２００６年度報告書』龍谷大学里山学・地域共生学オープン・リサーチ・センター、二〇〇六年
自然再生に関する環境倫理学の見解の変化を見事にまとめている。著者は「公害」と「里山」に注目して日本発の環境倫理学を再起動させることを提唱する哲学者。
吉田正人『自然保護――その生態学と社会学』地人書館、二〇〇七年
自然保護ＮＰＯで長く自然保護と環境教育に携わった経験を活かして、自然保護について分かりやすく実践的な説明を行っている。

第6章

吉永明弘『都市の環境倫理――持続可能性、都市における自然、アメニティ』勁草書房、二〇一

四年

第二部で「都市の環境倫理」を論じている。この章の内容はこの本に基づいている。

船橋晴俊「「生活環境の破壊」としての原発震災と地域再生のための「第三の道」」『環境と公害』43（3）、二〇一四年

著者は日本の環境社会学をリードした研究者。論文・著書は多数にのぼる。

寺西俊一「アメニティ保全と経済思想――若干の覚え書き」環境経済・政策学会編『アメニティと歴史・自然遺産』東洋経済新報社、二〇〇〇年

著者は環境経済学の第一人者。この論文は環境経済・政策学会の学会誌に掲載されたもので、今では入手しづらいが重要である。

進士五十八『アメニティ・デザイン――ほんとうの環境づくり』学芸出版社、一九九二年

アメニティに関する基本的なことが分かる本。アメニティには、物理的（P）、生態学的（E）、視覚的（V）、社会的（S）、精神的（M）な要素があり、それらすべてにおいて総合的に快適であることを表す言葉がアメニティなのだという。

齋藤伊久太郎「アメニティマップづくり」『アメニティ研究』7・8合併号、日本アメニティ研究所、二〇〇七年

アメニティマップづくりのプロセスが詳細に説明されている。

第7章

ジェイン・ジェイコブズ『アメリカ大都市の死と生』山形浩生訳、鹿島出版会、二〇一〇年

原著の出版は一九六一年で、今も色あせない都市論の古典。都市計画そのものを批判している部分もあり、都市計画学でどう受け止められているのかは気になるところである。

吉永明弘『都市の環境倫理――持続可能性、都市における自然、アメニティ』勁草書房、二〇一四年

第二部「都市の環境倫理」のなかで、ジェイコブズの議論を紹介している。

松原隆一郎『失われた景観――戦後日本が築いたもの』PHP新書、二〇〇二年

郊外のロードサイド景観、神戸の景観訴訟、真鶴町の「美の条例」、電線地中化問題について論じている。神戸の景観訴訟において、対立軸が「景観を創出する」考えと、「景観を連続させる」考えの間にあったことを指摘しているのはとても重要。

新雅史『商店街はなぜ滅びるのか――社会・政治・経済史から探る再生の道』光文社新書、二〇一二年

商店街が衰退する原因を商店街の側に求める画期的な論考。商店街活性化に関心のあるすべての人が読むべき本。

第8章

村上稔『希望を捨てない市民政治——吉野川可動堰を止めた市民戦略』緑風出版、二〇一三年

吉野川可動堰建設に疑問を持った住民たちが住民投票を呼びかけ、実施に至るまでのドキュメント。市民運動に参加し、運動の中で市議会議員に立候補して当選した著者からの、各地の市民運動へのアドバイスもある。

國分功一郎『来るべき民主主義——小平市都道328号線と近代政治哲学の諸問題』幻冬舎新書、二〇一三年

東京都小平市の都市計画道路建設に疑問をもった著者が、市民運動に参加するなかで練り上げていった民主主義論。「立法」への参加（選挙）だけではなく、「行政」に市民の声を届ける「制度」の必要性を説く。

関啓子『「関さんの森」の奇跡——市民が育む里山が地球を救う』新評論、二〇二〇年

松戸市の里山を市民が守った記録。都市計画道路と相続税の問題を的確に指摘している。

木原啓吉『ナショナル・トラスト〔新版〕——自然と歴史的環境を守る住民運動　ナショナル・トラストのすべて』三省堂、一九九八年

著者は日本にナショナル・トラストを紹介した人の一人。日本の事例が多数紹介されている。

工藤直子『あっ、トトロの森だ！』徳間書店、一九九二年

狭山丘陵の保全に取り組んでいる「トトロのふるさと基金」を紹介した本。著者は詩人・童話作家。

小野まり『図説　英国ナショナル・トラスト紀行』河出書房新社、二〇〇六年
イギリスのナショナル・トラストの保護資産（プロパティ）を、たくさんの写真によって紹介している。
早瀬昇・松原明『NPOがわかるQ&A』岩波ブックレット、二〇〇四年
少し古い情報もあるが、NPOに関する基本的なことがわかる。
宮﨑文彦「「にしのおもて未来ワークショップ」開催報告──鹿児島県西之表市（種子島）における未来ワークショップ」『公共研究』15巻1号、千葉大学、二〇一九年
未来ワークショップの解説と実践の記録。ウェブで入手できる。
https://opac.ll.chiba-u.jp/da/curator/105984/

コラム1

河宮信郎『必然の選択──地球環境と工業社会』海鳴社、一九九五年

コラム2

政野淳子『四大公害病──水俣病、新潟水俣病、イタイイタイ病、四日市公害』中公新書、二〇一三年
松田毅・竹宮惠子監修『改訂新版　石の綿──終わらないアスベスト禍』神戸新聞総合出版センター、二〇一八年

コラム3
ドネラ・H・メドウズ他『成長の限界　人類の選択』枝廣淳子訳、ダイヤモンド社、二〇〇五年
コラム4
枝廣淳子『プラスチック汚染とは何か』岩波ブックレット、二〇一九年
小島あずさ・眞淳平『海ゴミ――拡大する地球環境汚染』中公新書、二〇〇七年
コラム5
レイチェル・カーソン『沈黙の春』青樹簗一訳、新潮文庫、一九七四年
アルド・レオポルド『野生のうたが聞こえる』新島義昭訳、講談社学術文庫、一九九七年
開龍美「管理術としての土地倫理――アルド・レオポルドの環境思想の一側面」『アルテス・リベラレス』八一号、二〇〇七年
コラム6
桑子敏雄『感性の哲学』NHKブックス、二〇〇一年
桑子敏雄『風景のなかの環境哲学』東京大学出版会、二〇〇五年
コラム7
五十嵐敬喜ほか『美の条例――いきづく町をつくる』学芸出版社、一九九六年
三木邦之「三木邦之真鶴町長に聞く――「美の基準」と「住民参加」の間で」『季刊まちづくり1』学芸出版社、二〇〇三年

コラム8
鶴見和子『南方熊楠――地球志向の比較学』講談社学術文庫、一九八一年
中瀬喜陽『覚書　南方熊楠』八坂書房、一九九三年
原田健一『南方熊楠――進化論・政治・性』平凡社、二〇〇三年

参照したウェブ記事（著者が書いた記事を含む）

第1章
ロカボラボ「環境に優しい飲料用の容器はなに？」
ロカボラボ「どの乗り物が一番環境に優しいの？　乗り物のCO2排出量を比較してみた！　あなたのその移動は最善なのか？」

第2章
現代ビジネス「【土用の丑の日】ウナギを「食べ過ぎてはいけない」道徳的な理由」

第3章
ロカボラボ「電気自動車は本当に環境に優しいのか悪いのか？　ガソリン車と環境負荷を比べて

みた！　～環境問題へ課題点と将来への期待～」
DOWAエコジャーナル「そうだったのか！　地球温暖化とその対策（6）」

第4章
AFP●BB News「豪当局、カンガルー400頭を駆除」
日テレNEWS24「繁殖しすぎて…コアラ700頭を安楽死　豪」
エコトピア「5大絶滅事件とは？　地球で起こった大量絶滅と6回目の惨劇」

第5章
アサザ基金「アサザプロジェクトとは」
日本生態系協会エコシステム・ブログ「自然をふやすくふう　ミティゲーション」
シノドス「「つくられた自然」の何が悪いのか――「自然再生事業」の倫理学」

第6章
シノドス「「自然環境」のみが環境ではない――いまなぜ「都市の環境倫理」を問うのか」
シノドス「どんな住まいがエコなのか――「都市の環境倫理」再論」
シノドス「「近所」というフロンティア――地元観光のすすめ」

第7章
シノドス「人口減少時代の住宅選び――新築から中古へ、持ち家から賃貸へ」

第8章
日本ナショナル・トラスト協会「トラスト活動とは？」
さいたま緑のトラスト協会「イギリスのナショナルトラストの歴史」
未来ワークショップ（オポッサム）ホームページ

コラム3
National Geographic「30年前の議定書が「5分で火傷の世界」を防いだ」

イラスト　伊藤健介

ちくまプリマー新書

332
宇宙はなぜ哲学の問題になるのか
伊藤邦武

「宇宙に果てはあるか」「広大な宇宙の片隅の私達は何者か」。プラトンもカントもウィトゲンシュタインも、哲学的思考の出発点は宇宙だった。謎の極限への大冒険。

330
日本人にとって自然とはなにか
宇根豊

日本人はなぜ自然が好きなのか。近代的自然観や、百姓の体験に根ざした自然への見方から日本人独特の自然観を明らかにし、新しい自然へのアプローチを提唱する。

381
心とからだの倫理学
――エンハンスメントから考える
佐藤岳詩

整形で顔を変えてしまってよいのか。能力や性格を薬によって変えることの是非は？　変化によってあなたと社会はどうなるの？　倫理学の観点から論点を提示する。

385
従順さのどこがいけないのか
将基面貴巳

「みんな、そうしているよ」「ルールだから、しかたがない」「先生がいってるんだから」この発想がいかに危険なものなのか、政治、思想、歴史から解明します。

067
いのちはなぜ大切なのか
小澤竹俊

いのちはなぜ大切なの？――この問いにどう答える？子どもたちが自分や他人を傷つけないために、どんなケアが必要か？　ホスピス医による真の「いのちの授業」。

chikuma primer shinsho

ちくまプリマー新書 391
はじめて学《まな》ぶ環境倫理《かんきょうりんり》 未来《みらい》のために「しくみ」を問《と》う

二〇二一年十二月十日 初版第一刷発行

著者 吉永明弘（よしなが・あきひろ）

装幀 クラフト・エヴィング商會
発行者 喜入冬子
発行所 株式会社筑摩書房
東京都台東区蔵前二-五-三 〒一一一-八七五五
電話番号 〇三-五六八七-二六〇一（代表）

印刷・製本 株式会社精興社

ISBN978-4-480-68416-5 C0212 Printed in Japan